U0186509

/中国首部全译插图本/

SOUVENIRS
ENTOMOLOGIQUES

昆虫记

·典藏版·

·IV·

［法］法布尔　著

张广学　学术顾问

姜洁　高云松　邹琰　周贻娈　译

SPM 南方传媒 | 花城出版社

中国·广州

图书在版编目（CIP）数据

　　昆虫记：典藏版. Ⅳ /（法）法布尔著 ；姜洁等译
. -- 4版. -- 广州 ：花城出版社，2022.6
　　ISBN 978-7-5360-9276-1

　　Ⅰ. ①昆… Ⅱ. ①法… ②姜… Ⅲ. ①昆虫学－普及
读物 Ⅳ. ①Q96-49

　　中国版本图书馆CIP数据核字(2022)第045761号

出 版 人：张　懿
特约策划：邹靖华　秦　颖
责任编辑：黎　萍　夏显夫
技术编辑：凌春梅
封面插画：空　澈
封面设计：介　桑

书　　名　昆虫记：典藏版
　　　　　KUNCHONGJI; DIANCANGBAN
出版发行　花城出版社
　　　　　（广州市环市东路水荫路11号）
经　　销　全国新华书店
印　　刷　佛山市浩文彩色印刷有限公司
　　　　　（广东省佛山市南海区狮山科技工业园A区）
开　　本　880毫米×1230毫米　32开
印　　张　7.875　4插页
字　　数　185,000字
版　　次　2022年6月第1版　2022年6月第1次印刷
定　　价　388.00元（全十卷）

如发现印装质量问题，请直接与印刷厂联系调换。
购书热线：020 - 37604658　37602954
花城出版社网站：http://www.fcph.com.cn

法布尔是掌握田野无数小虫子秘密的语言大师。

——［法］罗曼·罗兰

目录
Contents

SOUVENIRS
ENTOMOLOGIQUES

第一章 长腹蜂

各种选择栖息在我们人类居所内的昆虫中，长腹蜂以优雅的体态、怪异的习性和蜂巢的结构，绝对算得上是最有意思的一种。它们经常光临人们的寓所，而寓所的主人们却几乎不认识它。长腹蜂孤僻的性格和默默无闻、独守一隅的习惯，致使人们忽略了它的故事；它是如此谨慎，它寄居的主人家几乎一直不曾注意到它的存在。赫赫声名属于那些闹哄哄、纠缠不休、危害人类的昆虫，那么，我们试着将这位"谦者"从被遗忘的角落中请出来吧。

长腹蜂极其惧怕寒冷，通常蛰居在使橄榄成熟、使知了歌唱的阳光下；当然，为了使家人更温暖，它还需要我们寓所中的热气。它通常隐居在农家孤零零的小屋里，屋前有一棵老无花果树，树荫遮蔽着一口水井。它选择这样一间小屋，夏日里可尽情曝晒在似火的骄阳之下，屋中

长腹蜂

还有宽大的壁炉，不停地有大块劈柴添加到壁炉中去。当专门用于圣诞节的劈柴在炉膛里燃烧时，冬日夜晚美丽的火焰就是促使它做出选择的动机。从烟囱黝黑的程度，它能辨认出哪些地方适合它。一间没有被烟熏黑的房屋是得不到它的信任的，在那样的屋子里它一定会被冻僵。

在酷热的七八月，这位访客不期而至，为筑巢寻找合适的地方，屋内嘈杂的人声和人们的来来往往都丝毫不会干扰它们；人们并不在意它们，而它们也不在意其他人。它一颠一跳地巡视四周，

用触角探测被熏黑的天花板四角、托梁①的每个小角落、壁炉台，尤其是炉膛内壁和烟囱。视察完毕，如果它认为地方还不错，就离开，不一会儿带着一小团泥巴回来，为筑窝垫上第一块土。

地点的选择是最多变的，往往也是最奇特的；但有一点是确定的，那就是环境要温暖，温度要恒定。烘箱的高温似乎很适宜长腹蜂幼虫的生长；至少它偏爱的地点是烟囱的入口，在烟囱的管壁上约半米高处；然而这个热乎乎的庇护所也有缺点。受着烟熏火燎，尤其是在冬天，生炉火的时间更长，它们的窝上都积了一层黑色或栗色的烟灰，酷似抹在砖墙上的灰浆。人们也往往将它们误认为是抹刀没有抹匀的灰浆，因为它们看起来与砖墙是如此的相似。这种深色的灰浆没什么要紧，只要火苗不来舔舐攒成一堆的蜂房，否则就会导致幼虫夭折，好像在砂锅里被焖熟了。但长腹蜂似乎预见到了火苗的危险，只会将子女安置在管口仅容一股股浓烟通过的烟囱壁上；对于狭窄的、火苗可以侵占整个管口的地方，它则心存疑虑，敬而远之。

然而，小心谨慎仍然无法排除最后一个隐患：在筑巢过程中，产卵期临近，它们仍无法下决心停止工作时，通往回家的路可能会暂时甚至一整天被阻塞，一会儿是由于一股从锅中冒出的蒸汽，一会儿又是由于糟糕的柴火引起的滚滚浓烟。洗衣服的日子最可怕，大锅中的水不停地沸腾，女主人从早到晚都生着火，她不停地往锅子底下添加各种木屑、树枝、树皮、树叶和一些难以充分燃烧的东西。屋里的浓烟、锅里冒出的蒸汽和壁炉上的水汽，在炉膛前形成了一片密不透风的乌云，我不时会瞅见一只面临如此障碍的长腹蜂。

① 托梁：楼板架于其上的屋梁。——校注

　　有一种生活在水边的乌鸦，又称河乌，磨坊溢流口排出的水形成一片瀑布，河乌要回家就必须穿越瀑布。长腹蜂比它更大胆，大颚咬住泥团，穿越这片烟云，消失在云层后面，从此不见了踪影，因为烟云形成的屏障是如此的模糊不透明；人们只能听见断断续续的唧唧声，那是长腹蜂的筑巢小调，表明泥水匠正在工作。蜂巢在云幕后秘密地筑成，歌声戛然而止，长腹蜂又从一团团的水蒸气中出现。它行动敏捷，精力充沛，仿佛来自一个纯净明澈的世界；其实，它刚刚搏击了烈火和令人咋舌的棕红色蒸汽。只要蜂巢还没有筑成，食物还没有储存，房门还没有封闭，它仍将整天与烈火和蒸汽搏击。

　　然而，这样的情形一般很少出现，难以充分满足观察者的好奇心。我很想亲手布置一层云幕，测试长腹蜂充满艰险的越火过程；但作为一个不相干的旁观者，我只能利用有利时机，不能干预或妨碍洗衣服这件严肃的大事。如果我胆敢为了骚扰一只蜂儿而用手触火，女主人会对我这个偶然寄宿她家的客人的脑袋瓜，产生怎样可悲的想法啊！"可怜的人！"她肯定会这么自言自语。在农民眼里，留意小虫子是头脑不太正常的人的怪癖。

　　仅有一次我幸运地碰上一个机会，但可惜那时我没做好把握时机的准备。事情就发生在我家的壁炉里，又恰好遇上一个大扫除的日子。那时我刚进阿维尼翁师范学校[①]不久，快两点了，再过几分钟，阵阵隆隆的鼓声就会召唤我去参加莱顿瓶[②]展示会，会上一些观众心不在焉。正当我准备出发时，我看见一只奇异的飞虫，一头扎

———————

① 1840年，法布尔以优异的成绩进入阿维尼翁师范学校读书。——校注
② 莱顿瓶：最早的一种电容器，1746年生产于荷兰的莱顿。——译注

进洗衣桶冒出的雾气中。它身姿矫捷，体态轻盈，在一条长线之后还悬着蒸馏釜似的肚子，这就是长腹蜂。我第一次目不转睛地注视着它。那时我对昆虫的认识还很肤浅，同时也渴望更详细地了解这位客人；于是我兴高采烈地向家人建议，当我不在时由他们来监视这只昆虫的活动，不要打扰它，还要看住火焰，别给这位与火苗为邻的勇敢的建筑师增添麻烦。他们严格地照办了。

事情进展得比我所期望的更好，当我回来时，长腹蜂仍在洗衣桶冒出的雾气后面继续施工，洗衣桶就置于宽宽的壁炉台下。尽管我急切地想要观察蜂巢的构筑过程，辨认它的食物种类，追踪幼虫的变态过程，因为这些对我而言绝对是新鲜事，但我还是尽量克制自己不给它们设置障碍。如果是今天，我必然会在实验中给它们添点麻烦与它们的本能对抗；但在那时，我唯一垂涎的是完好无损的长腹蜂巢，因此，我非但没有给它们设置障碍，反而尽可能减轻它不得不克服的困难。我将火盆挪开，减弱火势，尽可能减少弥漫到它的建筑工地上的浓烟；我连着两小时观察这只长腹蜂在烟雾里钻进钻出。第二天，家里又开始使用那种燃烧得既慢又不充分的燃料；但是，什么都不能再妨碍长腹蜂了。经过几天的不懈劳动，像我期望的那样，它没碰到新的麻烦，顺顺利利地筑成了蜂巢，并在里面安顿好家人。

四十多年来，我家的壁炉再未接待过这样的客人；为了将我仅有的一点儿知识拾掇起，我只能奢望在别人家里遇见奇迹。很久以后，经过长期实践，我开始考虑不同种类的膜翅目昆虫在出生地定居，并在蜂巢附近扎根繁衍后代的倾向。它们在蜂巢里获得的最强烈的印象也许就是"应光孵化"。现在，我在家中将冬天四处收罗来的长腹蜂窝，并排放在好几个据我观察认为合适的地方，主要是在厨房和实验室的壁炉里；我还放了一些在窗口上，把外板窗关上形成蒸笼；另外还放了一些在早已悄悄地装好了照明装置的天花板四隅。夏天一到，新生一代就将在我选定的地方孵化，并在那里定居，至少我是这么认为的，然后我就可以随心所欲地进行早已计划好的实验。

可是，我的尝试总是失败，我饲养的这些小家伙，没有一个再回到自己出生的巢中；最恋家的几只也只是做几次短暂的回访，很快就一去不复返。长腹蜂似乎生性孤僻好游荡，如果不是处在特别有利的环境中，它们一般都单独筑巢，一代又一代自觉地改变巢窝地点；尽管长腹蜂在我们村里很普通，但它们的蜂巢却几乎一个个四处分散，附近见不到旧巢的遗迹；出生地不会在这个游牧族的记忆中留下深刻印象，谁也不会在母亲的陋室旁边构筑新巢。

我的失败很可能还有另一个原因。长腹蜂在我们南方城市里固然并不少见，然而，比之城市雪白的寓所，它们更喜欢农村被烟熏黑的房屋。我在其他任何地方都没有像在我们村里那样经常见到长腹蜂。村里的农舍都很破旧，摇摇晃晃，墙上没有涂灰泥，被阳光烤成赭石色。而我在乡间的住宅并不那么朴素，它雅致、整洁，看起来比较像样，那么，我家的寄宿者们遗弃我那在它们眼里太奢华的厨房和实验室，移居到更符合它们品位的附近邻居家去，也就理所当然了。我养在那间塞满了图书、植物、化石和各种昆虫标本的实验室内的长腹蜂，对学者的奢侈品不屑一顾，飞走了，去占据那些只有一扇窗户，窗前有一口破锅，院里种着一株紫罗兰的黑屋子，只有穷人才有运气拥有它们。因此，我只能利用偶然的机会观察它们，根本无权介入。然而，我断断续续所见到的一点儿东西，毕竟都证明了长腹蜂的骁勇果敢。为了抵达筑在炉膛一隅的蜂巢，它们有时会飞越蒸汽和浓烟形成的云雾。它们敢不敢穿越薄薄的一层火焰呢？这是我一直打算进行的实验，如果在壁炉里进行的尝试已经成功的话。

很明显，在选择筑巢地点时，长腹蜂对炉膛的情有独钟，并非是为自身图安逸，因为那里对它而言是艰险的；它是为了后代的福祉。长腹蜂家族的兴旺必须依赖很高的温度，其他膜翅目昆虫如石蜂或壁蜂则没有这么苛求，它们只要躲在水泥穹屋和没有遮掩的芦竹中就可以了。我们现在来了解长腹蜂喜爱的温度吧。

在壁炉的炉台下，靠在长腹蜂筑在内壁上的蜂巢旁，我悬挂了一只温度计。在一小时的观察过程中，火焰强度中等，温度在35～40摄氏度之间。当然，并不是整个幼虫期都是这个温度，温度根据季节和昼夜而变化很大。我想要得到更好的结果，因此观察了两次，终于有所收获。

我第一次进行观察是在缫丝厂的发动机房。锅炉几乎挨着天花板，中间只隔了半米。长腹蜂的巢就固着在天花板上，就在那个一直充满着高温的水和蒸汽的大锅炉的正上方。在这个地方，温度为49摄氏度。除了夜间和节假日有所下降，温度终年保持不变。一家乡村蒸馏厂为我提供了第二个观察对象。这个蒸馏厂具备两个极佳的条件吸引长腹蜂：乡村的安宁和锅炉的高温。因此，厂房里长腹蜂的巢不计其数，几乎到处都是，从最陈旧的机器到那一堆账簿上，都缀满了它们的巢。其中有一个离蒸馏器非常近，我用温度计去量，温度为45摄氏度。

从这些数据，我可以得出一个结论，在40多摄氏度的环境下，长腹蜂的幼虫能生长得很好。这种温度不像壁炉内的炉火那样是偶然的，而是像冒着蒸汽的大锅或蒸馏器那样，是恒定的。对于必须在泥巴筑成的巢中沉睡十个月的幼虫而言，酷热是非常有益的。每颗种子的发芽都必须一定量的高温，温度的高低根据种类不同而有所差异。一条幼虫就是一颗将演变为成虫的动物种子，经历一段比橡栗萌芽成橡树更令人赞叹的过程，而羽化为一只完美的成虫，因而幼虫也需要一定量的高温。长腹蜂幼虫所需的温度相当高，即使是使猴砚树和油棕发芽的温度，也并不太够。这种怕冷的昆虫是怎样出现在我们身边的呢？

壁炉中炉火正旺，几口大锅和几只炉子散发出的热气弥漫四周，仿佛人为地制造了热带气候；人们并没有料到，这是长腹蜂能够利用的意外收获，于是它就随意在一间温暖且灯光不太耀眼的屋子里定居下来。例如，温室的各个角落，厨房的天花板上，外板窗关着的玻璃窗台上，只要这地方有出口就行；还有谷仓的托梁上，谷仓每天在阳光下曝晒所吸收的热量，都被储存在成堆的麦草和牧草中；或是简陋的农家卧室墙壁上；它觉得哪里都好，只要幼虫能得到庇护，过一个暖冬。这位气候学行家，炎夏之子，正在为家人能安然度过那个它自己再也见不到的严冬而忙碌。

选择暖和的定居点时，长腹蜂越是小心翼翼，对筑巢支撑物的性质则越显得漠不关心。它们习惯将蜂巢群落固定在墙壁上或托梁上，无论是裸露还是涂过灰泥的；此外，它还选择许多其他的支撑物，有时相当奇特。我在此举几个筑巢点比较怪异的例子。

我在笔记中曾提及一只筑在干葫芦内的长腹蜂巢。这个窄口的容器就挂在农家的壁炉上，里面放着农夫狩猎用的铅弹。葫芦口一直敞开，但这个季节是派不上用场的，于是一只长腹蜂就把它当作宁静的隐居处，大着胆子在里面那层铅粒上筑巢，要想把那体积庞大的蜂巢取出来，就必须打破那只干葫芦。

笔记中还提到了一些千奇百怪的蜂窝：有的筑在一家蒸馏厂的一堆账簿上；有的筑在一顶扣在墙上、只有冬日寒气逼人时才戴的鸭舌帽里；有的在一块空心砖的窟窿里，与一只黄斑蜂用绒毛筑成的柔软的蜂巢背靠着背；有的在一只装燕麦的袋子上；还有的在一截曾用作喷水管现已废弃的铅管里。

在拜访阿维尼翁一带的主要农庄罗伯蒂的厨房时，我更仔细地观察了它们。这间厨房有一个很宽大的壁炉，一排大大小小的锅里煮着给人或牲口喝的浓汤。农夫们成群结队地从田间回来，围着饭桌在长条凳上坐定，安静地吃午餐，因为胃口很好，所以吃得很快。在半小时的休息时间里，大家脱去罩衫、摘下帽子，挂在墙上的钉子上。尽管就餐时间很短，却足够长腹蜂检查所有旧衣衫并据为己有。一顶草帽被认作是很有价值的窝，一件罩衫的褶皱则被评为很实用的隐蔽所，长腹蜂立刻开始筑巢。等到农夫们从饭桌边站起身，有人抖抖罩衫，有人拍拍帽子，已有橡栗那么大的泥团就被抖落下来。

人们离去后，我开始跟厨娘聊天。她向我发牢骚说，那些大胆的"苍蝇"身上沾的污秽把什么都给弄脏了，而最让她操心的是窗帘，天花板上、墙上和壁炉上的泥印还可以忍受，但是，衣服和窗帘上的斑渍则令她伤透了脑筋；为了保持清洁，为了把那些往衣服和窗帘上抹泥巴的顽固的小家伙赶走，她必须每天抖动帘子，并用拍子拍打它们；可是，一切都是徒劳的，第二天，顽固的小家伙们又以同样的热情，投入前一天遭到破坏的工作中。

我理解她的苦衷，同时又为自己无法拥有这些地方而扼腕叹息。啊！我多么希望能让长腹蜂安安静静地待在那里，即使它们会将所有的布料和装饰物蒙上一层泥巴；我会听之任之的，这样我就可以知道，在罩衫或窗帘这种动态支撑物上筑出的巢是怎么样的。小灌木丛中的石蜂就将巢筑在小树枝上，毫不在意风刮得有多大。石蜂的巢是用硬灰浆将整个支撑物团团包住，因而十分牢固；而长腹蜂的窝只是一堆泥巴粘住支撑物上，没有做任何特殊的黏性处理，既没有水泥使筑巢材料快速凝结，也没有与支撑物合为一体的基座。如此的方法怎能赋予蜂巢良好的稳定性呢？我在装谷物的粗布袋上发现的蜂巢，稍微一抖就纷纷滚落下来，尽管布袋上粗糙的针织圈有利于黏附；如果蜂巢是附着在一块垂在桌边、网眼细密的白桌布上，哪怕一阵风吹过它都会抖个不停，那又会怎样呢？选择这样的地方筑巢，在我看来，是一个没有受过教育的建筑师判断失误，不吸取几个世纪以来所积累的经验教训：在人类的居所中，有些地方对它们的蜂巢是十分危险的。

暂且不提这位建造者，我们先来看看它的建筑。建筑材料全是烂泥巴，是从潮湿的土壤中四处收集来的。如果附近恰好有条小溪，它就会去那里采集湿软、细腻的河泥。我们地区多石子，这样的工厂不是很少见就是太偏远，所以我不是在这种工地里见到长腹蜂采泥的。待在荒石园里足不出户，我就能悠闲自得地观看它们工作。当灌溉渠中的涓涓细流昼夜奔流，使一块块菜田里萎蔫了的蔬菜重新焕发生机时，一些住在附近农庄的长腹蜂很快就得知了这个好消息。它们蜂拥而至，采集那一层宝贵的烂泥，在令人沮丧的旱季，这可是极不寻常的收获。有的选择刚刚浇灌过的水槽，有的喜欢顺流而下，停驻在布满细小支流的一块水田上。它们扇动双翅，四足高高翘起，黑黑的肚子卷起触到黄色的足，用大颚仔细搜索，从闪亮的淤泥表面挑选出精华。能干的主妇为了不弄脏自己，小心地将衣袖卷起，干起脏活来也不比它们更出色。这些捡泥巴的虫子一点儿也不脏，它们是如此小心翼翼地将身子往上翘起，除了前足尖和大颚这个采泥工具，整个身体和烂泥保持着距离。它们就这样采得了一块块几乎有小豆子那么大的泥团，然后用大颚咬住泥团往回飞，为筑巢再添一团泥，不一会儿又再飞回来收集另一块泥团。只要泥土仍然湿润，湿度适宜，它们就会一直继续干下去，最热的正午也不休息；附近总有不停地搜寻泥浆的建筑工。

长腹蜂最常去的地方是村中的大水池，那里有一片宽敞的半圆形空地。这一区的人都来此给骡子饮水，牲畜的践踏和水池中溢出的水，把四下里变成了一大片黑色的烂泥地，即使7月的高温和凛冽强劲的西北风也无法令它干燥。这片泥床，对行人来说是如此可恶，却为长腹蜂所钟爱，它们从四面八方赶来此地聚会。如果你从这片臭烘烘的泥地前经过，总能看见几只长腹蜂在饮水的牲畜的四蹄间采集泥团。

长腹蜂采集泥团的地点本身就可以说明，灰浆收集时就已是成品，立即可以使用；当然，为使灰粒均匀，必须先把泥团搅匀并剔除粗糙的颗粒。用黏土筑巢的其他建筑工，比如石蜂，它先从被踩实的道路上精心挑选干燥的灰粒，再用唾液将它润湿，使它具有可塑性，在唾液的作用下，灰粒很快就变得像石头一样坚硬。石蜂干起活来如同泥水匠一般，知道怎样用少量的水将水泥和沙搅拌在一起。长腹蜂可不懂这门艺术，对于化学反应的奥秘它是一无所知的，泥巴被采时是什么样，用于筑巢时仍是那样。

为了证实我的想法，我从长腹蜂那里偷来一些泥团，与我在同一地点用手指采来的泥团相比较。无论是外观还是特性上，我都没发现两者之间有任何不同。我去检查蜂巢，也证实了比较的结果。石蜂的建筑是由坚固的墙壁构成的，可以在没有任何遮掩的情况下，抵御持续不断的雨雪侵蚀；长腹蜂的蜂巢则缺乏凝聚力，绝对无法应付大自然的无常变化。我在它们的蜂巢表面滴一滴水，触水的那一点就变软，回复到原先的烂泥状；往蜂巢上稍微浇点水，就像下了场小雨，会使巢变成一摊烂泥。长腹蜂的蜂巢原本就只是一团晒干了的淤泥，一旦沾湿就会立刻恢复原样。

显而易见，长腹蜂没有改良泥团使它变成灰浆，只是照原样使用泥团。这样的蜂巢并不适于户外，即使幼虫没有那么怕冷，因此，长腹蜂需要一个能将蜂巢遮掩起来的庇护所，否则一遇到雨水，它们的窝就会变成一堆泥巴。那么，暂不提温度，有关长腹蜂偏爱人类居所的问题就迎刃而解了。正是在人类的居所里，长腹蜂找到了更好的保护场所抵御湿气侵袭。幼虫所需的温暖和蜂巢必不可少的干燥，这两个条件在我们的壁炉台下同时具备。

尽管还未最后粉刷，整个蜂巢都暴露在外，但长腹蜂的建筑仍不失优雅。它由很多个小房间组成，有时蜂房并排在一条线上，彼此紧挨在一起，看上去像一支排箫，管子都短而雷同；更常见的是蜂房数目不等地集中在一起，层层叠叠。在最拥挤的蜂巢里，我数了数，有15间蜂房；其他一些只有10间左右；还有一些更少，只有三四间，甚或只有一间。我认为彼此紧挨的蜂房就相当于产卵总数；而零散的巢则意味着只产下部分卵，卵稀稀落落，分散各处，也许是长腹蜂母亲在别处找到了更理想的产卵地。

整个蜂巢近似圆柱形，直径从顶端到底部逐渐增大，长3厘米，最宽处约1.5厘米。蜂巢表面抹了一层薄浆，十分均匀光滑，可以看出一条条凸起而倾斜的细纹，令人想起花边饰物的螺旋形流苏。每一条细纹都是建筑物的一层基石，夯完一层土，长腹蜂就往上筑下一层土，便留下一条条细纹。数数有多少条细纹，就知道长腹蜂为采集灰浆奔波了多少次。我数了一下，有15~20条。单单为筑一间蜂房，这位勤劳的建筑工就得为搬运建筑材料来回飞20多次，甚至更多，因为任何一间密不透风的圆形蜂房，都不可能一蹴而就。

所有蜂房的主轴一般都是水平或略微偏斜，出口总是朝着高处。出口的朝向必须这样，一只坛子只有竖立摆放才能存放东西。长腹蜂的蜂房只不过是一只用于储存小蜘蛛的坛子，这只容器平放或稍许往上扬就盛住了里面的东西；但如果让开口向下，里面的东西就会全掉光。我略微多费了点笔墨在这无足轻重的细节上，为的是指出很多书本所犯的奇怪的通病。我发现无论哪本书上所绘的长腹蜂的蜂房，开口都是在蜂房底部。这样的图画总是被描来绘去，今天人们仍在复制以前错误的图画。我不知道是谁第一个犯这错误，竟让长腹蜂经受如此艰巨、不亚于达娜依特姊妹的水桶考验：填满一只颠倒过来的坛子。

随着产卵期的临近，蜂房一个接一个地建好，里面塞满蜘蛛，然后被封闭起来。蜂巢的外观一直都分外优雅，直到长腹蜂认为蜂房的数量足够时，它便停止筑巢。然后为了加固蜂巢，它用一种防御性涂料将所有蜂房都掩盖起来；它挥舞抹刀将蜂巢乱涂一气，没有丝毫艺术性，也全无筑巢时不遗余力的精心且耐心的修饰；采集来的泥团不经任何加工，就被它用大颚随随便便往窝上贴，几乎都不加平整，一层粗糙的涂层掩没了最初的雅致。蜂房间的沟纹、螺旋形流苏状的密封圈、粉饰灰泥的光泽，全都被掩盖起来。蜂巢的最后模样像一只隆起的奇形怪状的瘤子，似乎是一团偶然间猛溅到墙上并风干了的泥巴。

石蜂也是这么干的，当它在一块卵石上筑起一座座优美地镶嵌着沙砾的小塔形蜂房后，这位最优秀的水泥工就用粗糙的灰泥涂层，将它的艺术杰作掩盖起来。为什么无论石蜂还是长腹蜂，在工程完工时，都要将它们精心雕筑的蜂巢表面用灰浆掩埋呢？人们不会先竖起一座卢浮宫，然后再用抹刀往廊柱上抹污秽，然而，我们切莫固执己见，对蜂儿而言，只要能给幼虫提供一个安乐窝，蜂窝的美丑又有何意义？我们应该料想到，这些无意识的艺术家，可能会有许多不合逻辑的行为。

第二章  黑蛛蜂与长腹蜂的食物

如果只考虑昆虫的本能和习性这些最显著的特征，我国各地的另一些膜翅目昆虫，也应该和我刚研究过的蜂巢建筑工相提并论，它们也捕猎蜘蛛，也许更称得上是名副其实的泥瓦匠、制陶者。我们地区生活着两种制陶艺术家：斑点黑蛛蜂和透翅黑蛛蜂。

斑点黑蛛蜂

尽管很有才干，它们却只是一些非常羸弱的小生命，一身黑装，个头比普通的家蚊稍大一点儿。想想它们凭借弱小之躯竟能制出陶器，着实令人吃惊，更令人惊诧的是，陶器之规则堪与陶车制出的陶器相媲美。长腹蜂的蜂巢宽宽地固定在平坦的基础之上，彼此相依，尽管最初的外观十分优雅，但也只是半圆柱体，只有蜂巢的出口被刻意筑成圆形。黑蛛蜂的蜂巢几乎互不相干，各自独立，仅以狭窄的一点为支撑，从一端到另一端规则地隆起，犹如一只迷你碗碟里的许多小盅。如果它们称得上是制陶工和修塔者，黑蛛蜂应比长腹蜂更无愧于这一称号。任何一种用黏土筑巢的昆虫，都不如它们心灵手巧。

斑点黑蛛蜂的"坛子"①外形似一只只椭圆的短颈广口瓶，但体积比樱桃核小；透翅黑蛛蜂的蜂巢则为圆锥形，底窄口宽，就像原

---

① 法布尔用"坛子"形象地指代斑点黑蛛蜂的蜂巢。——校注

始的大酒杯，古时候的小盅。两者的蜂房内部都很光滑，外部则相当粗糙，建筑工人只是草草地将刚采来的一小口泥浆往外壁上一抹了事，压根不打算像悉心呵护内壁那样，将外壁上的泥巴抹平整。镶满粗颗粒的外壁表面，好似长腹蜂为蜂房筑的倾斜密封圈，没有任何灰浆来粉饰这片典雅的泥渣，也没有加任何巩固性"衬里"。制陶工塑完坛口后，这片泥渣仍然保持原样。然后黑蛛蜂在蜂房内壁上产一枚卵，再储存一只小蜘蛛，并将蜂房封口。黑蛛蜂的坛坛罐罐不是被弯弯扭扭一个接一个排成一列，就是乱糟糟地聚成一团，尽管蜂巢十分脆弱，不堪一击，依然没有任何保护。

　　然而，雌黑蛛蜂却采取了一种长腹蜂所不知道的防御性措施。若往长腹蜂的蜂房里加一滴水，水珠就立刻化开，渗入内壁将其润湿。若往黑蛛蜂的蜂房里加一滴水，水珠仍旧逗留原处，不会渗入内壁之中，所以内壁一定粉饰过，就像我们常用的坛子内壁上过釉一样。多亏了制陶工使用的粗粒方铅矿中所含的硅酸铅，才使内壁具有防水性。防

透翅黑蛛蜂

水剂只能是黑蛛蜂的唾液，但由于它体态纤小，体内防水剂的含量极为有限，因此只涂于蜂房内壁。如果我将一间蜂房置于一滴水珠上，就会看见水很快从蜂房底部直渗到顶端，使这只坛子坍塌成一团泥浆，最终只剩下一层薄薄的防水性能较好的内壁。

　　我不知道黑蛛蜂是去哪里收集筑巢材料的，它们是按照长腹蜂的习惯，收集无须再做任何加工的黏土、湿泥、泥巴和自然可塑的胶土呢，还是仿照石蜂的做法，使用一粒粒精心筛选过的水泥，并用唾液调和成糊呢？我无法通过观察找到答案。蜂房的颜色时而红

得像我门外那一大片尽是沙砾的土地，时而惨白得如同路上的尘土，时而又灰蒙蒙仿佛附近地区的泥灰岩岩床。从色彩上看，我敢肯定筑坛用的材料是从各处不加区分地采集来的，但无法确定在采集的那一刻，材料是呈糊状还是粉状。

根据蜂房内壁的防水性，我倾向于后一种可能，一块已经自然湿润的泥土，难以再吸收黑蛛蜂的唾液，因而不可能具有防水功能。很可能，黑蛛蜂采集干燥的水泥，并用唾液将它搅拌成具有可塑性的黏土，那么蜂房外壁的遇水即化和内壁的防水性能，又该如何解释呢？这很简单，对于蜂房的外部材料，这位制陶工只是用水时不时地浇灌一下；而对于内部装饰材料，它则使用纯净的唾液；这物质很宝贵，使用时必须精打细算，才能筑出足够数量的蜂房。为了筑坛，黑蛛蜂必须有两个储液罐：一个是嗉囊，类似储满水的干葫芦；另一个是腺体，好比慢慢产生防水化学物质的细颈小瓶。

长腹蜂对这些科学方法一无所知，它在采集来的泥土中，不加任何东西以使它具有防水性，它的蜂房一遇水则迅速潮湿并让水渗入内层，也许正因为如此，它才需要厚厚的粗泥涂层，保护太容易浸水的住宅。每个陶器工都各安天命，巨人有粗糙的黏土涂层，侏儒有光亮的清漆釉面。

尽管内壁有涂层，黑蛛蜂的蜂房遇水还是极易变质，且太不牢固，在露天难以保存完好。它们的蜂房和长腹蜂的一样需要庇护，这种庇护所随处可见；当然，我们人类居所除外，这位脆弱的陶器工几乎不在我们的居所中寻求庇护。树桩下的一个洞穴，曝晒在阳光下的一个墙洞，石子堆下一只破旧的蜗牛壳，天牛在橡树上钻出但已废弃的树洞，一只条蜂遗弃的蜂巢，一条肥大的蚯蚓在干燥斜坡上钻出的狭长地下坑道，潜伏于地下的蝉离开后留下的地洞，这一切对黑蛛蜂来说都不错，只要小窝能遮蔽风雨。斑点黑蛛蜂比透翅黑蛛蜂更常见，但它只来拜访过我一次。它将坛坛罐罐筑在实验室架子上的小圆锥形纸袋里，这些纸袋是用来装谷物的。它让我想起长腹蜂将蜂房筑在一家蒸馏厂的一堆账簿上和窗帘上。两位陶器工对蜂窝支撑物的性质都漠不关心，有时会选择一些非常奇特的场所来筑巢。

我们已知道长腹蜂的坛子是用来储存食物的，那么现在来看看里面装的是什么吧。长腹蜂的幼虫以蜘蛛为食，黑蛛蜂和蛛蜂也很喜爱这种食物，当然同一蜂巢、同一间蜂房里，储藏的野味种类并不单调，任何一种体积不超过存储罐容积的蜘蛛目动物，都可以写入它的食谱。我对黑蛛蜂的食物种类做了一张一览表，上面有圆网蛛、类石蛛、满蟹蛛、管巢蛛、跳蛛、球腹蛛、狼蛛。如果有必要继续列下去，可能还会列出许多其他食物，但最主要的食物还是圆网蛛，包括冠冕圆网蛛、梯形圆网蛛、铁钱圆网蛛、苍白圆网蛛、角形圆网蛛，其中背部花纹呈三个白点十字的冠冕圆网蛛，又是最常见的。

然而，尽管长腹蜂食用冠冕蛛的频率很高，我仍然无法看出长腹蜂对这类野味有特殊偏好的迹象。巡猎时，它几乎不远离居所，查探邻近所有旧墙、篱笆、小花园，捕捉出现在眼前的小昆虫。不过，在筑巢期，冠冕蛛无疑是最常见的。在陶器工喜爱的朴素的村舍门前，用芦竹围起的小花园里，在围绕一片四方形白菜地的山楂树篱上，我常常看见带着主教十字架的蜘蛛在织网，或坐在网中央等待猎物。如果我需要一只蜘蛛来进行研究，肯定能在离家门几步远的地方找到一只冠冕蛛。长腹蜂是目光更敏锐的巡视者，它一定能轻而易举地捕获这样一只蜘蛛；因而我认为，这就是为什么在一大堆食物中，这类蜘蛛数量最多的原因。

圆网蛛是长腹蜂日常的基本食物，但是，如果没有这种蜘蛛，其他任何种类的蜘蛛甚至差别很大的种类，也可以填饱它的肚子。方头泥蜂和砂泥蜂就是这样明智地兼收并蓄，对它们而言，只要能捕捉到，一切双翅目昆虫都可以。但是，如果将这种随意视作绝对的原则，那就错了。很可能对长腹蜂而言，一种蜘蛛与另一种蜘蛛的滋味和营养都各不相同。它比蛛蜂更了解蜘蛛，对肉质肥嫩、口味像榛子的蜘蛛，有着一种神秘的激情，因而会喜欢某一种更甚于另一种；它至今都对某些蜘蛛不屑一顾，例如在我家的各个角落都织起罗网的家隅蛛。

厨房的天花板上和谷仓的托梁上住着它的近邻家隅蛛，就在泥巢的近旁张着家隅蛛的丝网。长腹蜂其实不用去远征，只要在蜂巢周围巡视几圈就可以满载而归；门前的野味多得不计其数，它为什么不好好利用呢？因为这道菜不合它的口味，而要我说出个中原因就很难。我曾多次清查它的食物，却从来没有找到过家隅蛛，尽管小家隅蛛似乎能满足它所要求的一切条件。它对家隅蛛的蔑视是很可惜的，对我们而言，如果家中天花板上有这样一位巡查者专门消灭纺织工蜘蛛，就可省去家庭主妇的许多麻烦；对长腹蜂而言，一旦被收入益虫宝典之中，就会声名鹊起，在农庄中受到友好的接待，当它把泥巴折腾得满屋都是时，也不至于被从屋里赶出去。

有螯牙作武器的蜘蛛是一种危险的猎物，它体魄强健，对手必须大胆而有策略。然而，这些条件长腹蜂并不完全具备。再者，蜂房狭小的空间容纳不下块头巨大、可与环带蛛蜂捕捉到的狼蛛相比的猎物。环带蛛蜂将肥美的猎物存放在墙脚边，一堆建筑废料中某个现成的洞窟里；长腹蜂则将猎物放在自己辛勤修筑的坛子里，而且坛子的大小只能容下小虫，因而它捕捉的猎物都是中等个头，外形不那么剽悍。如果长腹蜂遇到一只有希望长肥的昆虫，总是趁它还小的时候抓住它。长腹蜂就是这么对付冠冕蛛的。成年的冠冕蛛肚皮隆起，里面装满了卵，几乎可与环带蛛蜂的猎物狼蛛匹敌，因此只能在它尚未成年、体态弱小时，将它装入储粮罐中。此外，不同的猎物，肥瘦的差别为一两倍或更大，但只要猎物能储藏在狭窄的坛子里就行。猎物大小的差异相应地导致了数量上的差异，某间蜂房里塞入12只蜘蛛，而另一间只有5～6只，平均每间蜂房为8只。像其他膜翅目昆虫一样，幼虫的性别也会决定餐桌上食物的丰盛程度。

　　捕食性昆虫传记最突出的特征，就是介绍昆虫的捕猎方法，因此我留心观察长腹蜂与猎物博斗的场面。我曾在它的捕猎地，如旧墙和荆棘丛前耐心驻足，却无甚收获；我曾看见它猛地扑向仓皇逃窜的蜘蛛，将蜘蛛捆住后带走，这一系列动作一气呵成，没有丝毫停顿。其他捕猎者都是先匍匐在地，不慌不忙、小心翼翼地准备好武器，然后镇定而缓慢地展开攻势，优美的进攻就要求这样沉缓。长腹蜂则不然，它冲过去、抓住、离开，有泥蜂的作风。长腹蜂如此敏捷地掳走猎物，很可能在飞扑过程中只使用了螯针和大颚。这种急躁的捕猎法当然算不上是高级的外科手术，但比蜂房的狭小更能说明长腹蜂为何偏爱体形弱小的蜘蛛。一个以两只螯牙作武器的强壮猎物，对不屑采取任何警惕措施的劫持者来说，是有致命危险的，由于欠缺特殊的捕虫技术，它只能袭击弱小者。因此，我怀疑，被捉到的蜘蛛是否真死了，尽管它们一下子就不幸被制服了。

　　我曾多次借助放大镜观察长腹蜂的蜂房，里面的卵尚未孵化，证明食物是新近放入的；但里面储存的猎物从触角到跗节都纹丝未动，我很难将食物保存下来；在12天左右的时间里，我看着它们发霉、腐烂。所以在长腹蜂将它们藏入坛中时，这些蜘蛛就已经死了或差不多死了。环带蛛蜂对狼蛛所施的高明麻醉手术，可以使狼蛛在七周内保持新鲜。也许长腹蜂不知道这种方法，也许在仓促的进攻中这种方法行不通吧？也许它不是一个能干的实干家，不懂得如何只消除对手的抵抗能力而不伤及其性命，而是一个为使牺牲者乖乖就范，将它们杀死的残暴祭司？猎物的萎靡和迅速变质，都可以提供佐证。

这个证明并未令我惊诧，以后我还会看到，其他"祭司"顷刻间就用螯针将猎物刺死，它们的夺命本领和某些昆虫的麻醉本领一样令人吃惊。我将了解这些昆虫一定要将猎物杀死的原因，并从其他方面确认，为了和本能无意识的行动相抗衡，它们在解剖学和生理方面具有代表理性行为的渊博知识。至于为什么长腹蜂必须杀死蜘蛛，我实在猜不出个中缘由。

虽然未经过长期观察，但我依然看得很清楚，长腹蜂在食用很快就会腐烂的尸体时，采取的方法很合乎逻辑。首先，每间蜂房都储有许多猎物，幼虫啃咬一只死蛛，用大颚将它捣碎，抛在一边，过一会儿又将它捡起，从另一点开始啃咬。这只蜘蛛没多久就不成形状，肢体残缺，非常容易腐烂；但是因为个子小，尸体还未腐烂就被一顿吃完了。一旦幼虫咬中一只蜘蛛，就不会再去啃咬别的猎物，其他猎物因此完好无损，足以使猎物在幼虫进食的短时期内保持新鲜。幼虫将蜘蛛一只一只有序地吃掉，蜂房中的大堆猎物因此得以保持几天不变质，尽管它们都已是死尸。

相反，假设仅有一只肥胖得足够作为幼虫全部食物的蜘蛛，情况会变得十分糟糕。这块丰腴的面包被这里咬一口、那里咬一口，伤痕累累，还没被吃完就成了一摊能致人于死地的血脓；腐烂的伤口中流出的汁液会把幼虫给毒死。要享用如此一只肥美的蜘蛛，前提是必须让它瘫痪，它活着但不能动弹，而且进食者还必须懂得一门特殊的进食艺术，保留最必不可少的器官，逐步消灭无关紧要的器官，就像土蜂和飞蝗泥蜂一样。由于对麻醉技术一无所知，加上幼虫自己也不知如何安全地食用一只体积庞大的蜘蛛，因此，长腹蜂给家人提供小而多的野味，亦不失为明智之举。仓库狭小并不是影响选择猎物的主要原因，如果这么做有好处，什么都不可能阻止这位陶器工修筑容积更大的坛子。保存死蜘蛛才是最主要的目的，在短暂的养育期内，这位捕蛛高手只会捕捉小蜘蛛。

还有更妙的呢，如果我打开一些新近封闭的蜂房，我总能找到卵，不是在一堆猎物的最上面，不是在最近捕到的蜘蛛上面，而是在最底下，在最先被储存的那只蜘蛛之上。长腹蜂开始供应食物时，我发现它总是将卵产在蜂房里储备的第一只蜘蛛身上，从未有过例外。在重新出发去捕捉更多的蜘蛛以填满蜂房前，它总是立刻将卵产在捕到的第一只蜘蛛身上。泥蜂也是这样对待双翅目昆虫——在捉到的第一只虫子上产卵。

这两种昆虫的相似之处仅此而已，随着幼虫慢慢长大，泥蜂坚持不懈地每天都带来一点儿食物。在只有一层流沙做屏障的洞穴里，这种方法是完全可行的，泥蜂母亲可以轻易地飞进飞出。而长腹蜂可就没有如此便利的交通条件，一旦泥坛被封口，再要进入蜂房就必须打破已经干燥的盖子，而砸开已干硬的泥盖，就不是这位湿泥巴工人力所能及的；再者，每次艰难地撬开泥盖之后，还必须把它重新筑上，这也是一件辛苦的活。

因此，长腹蜂不采用每天喂食的方法，它尽可能快地集满一堆食物。如果野味不充裕，大气条件又不如意，要填满蜂房就须花上好几天工夫；若天气好，一切顺利，一个下午就足够。狩猎时间持续多久无关紧要，或长或短根据情况而定。将卵产在蜂房最底层，就在存入的第一只蜘蛛身上，是十分明智的，其优点我已在肾形螳螂的故事中夸耀过。食物按照捕获的先后顺序一直堆积到蜂房口，最早储存的在最底下，最新鲜的在最上面。由于猎物的足上长着粗糙的纤毛，撑住了蜂房的内壁，因而不可能发生塌方，导致新鲜食物与腐烂食物相混杂。幼虫待在一堆食物底下，专心致志地啃咬一只只蜘蛛，从最陈旧的一直啃到最新鲜的，直到用餐完毕，它都能找到还没来得及变质的食物填饱肚子。

用来产卵的第一只蜘蛛该有多大，长腹蜂并不讲究，捕到什么样的都行。卵呈白色，圆柱形，略微弯曲，长三毫米，宽略小于一毫米。卵在蜘蛛身上的附着点变化不大，一般是蜘蛛腹部，偏向一侧。按照捕食性膜翅目昆虫的惯例，新生幼虫咬的第一口，就是卵头部一端附着的地方，因此，它刚开始啃咬的那几口，都是汁液最丰富、最嫩的部位，即蜘蛛丰腴的肚子。它接着啃咬肉鼓鼓的胸部，最后才轮到蜘蛛足，尽管没什么肉，它也不嫌弃。一切都被吞噬，从最精美的到最粗劣的，用餐完毕时，整个一堆蜘蛛几乎就丁点不剩。这种暴饮暴食的生活，会持续8～10天。

然后幼虫开始造蛹室。蛹室最初是一只纯丝的袋子，洁白无瑕，但太娇弱，难以保护这位隐士。然而，纬纱注定将变成更精美的布匹，但布匹不是织出来的，而是借助特殊的漆。这位昆虫纺织女织的是光亮的塔夫绸。在捕食性膜翅目昆虫的纺纱厂里，纺织女工们使用两种方法增加丝绸的韧性。它们一方面在丝织物中嵌入无数沙粒，使蛹室成为一只矿物质外壳，丝在其中的作用好似凝结沙石的水泥，比如，泥蜂、大唇泥蜂、步甲蜂。另一方面，幼虫的乳糜中会分泌出一种液体清漆，它将清漆吐入丝织物的网眼中。清漆一渗入纬纱，丝织物就变硬，成为一只无比精美的漆器。幼虫随后将一团又黑又硬的粪球扔入蛹室底，粪球是胃中生产清漆的化学作用后余下的残渣。飞蝗泥蜂、砂泥蜂和土蜂就是这样给蛹室的内壁刷上好几层清漆；但方头泥蜂、节腹泥蜂和大头泥蜂，仅给娇弱的蛹室上一层漆。

长腹蜂采用后一种方法，茧织好后好似一块琥珀色的织物，细腻、透明，在手指间搓动发出窸窣声，令人想起洋葱的外膜。茧的长度大于宽度，与蜂房的容积和将来成虫的细长形态非常吻合。从外观看，茧的上端很圆，下端似乎突然被截去一段，黑色的粪球使它变得坚硬、不透明。

当然，蛹期的长短根据气温而有所不同；此外，它还受其他条件的影响，是什么条件我尚不能明确指出。有些7月织成的茧，8月就可羽化出成虫，幼虫的活跃期过后两三个星期成虫就羽化；有的8月织茧9月羽化；还有的无论在夏季哪个时候织茧，总要过了冬季直到来年6月底才羽化。综观长腹蜂的生活史，我能分辨出一年内出生的三代。长腹蜂一年中常会有三个世代出生，但并不绝对如此。6月底出生第一代，它们的蛹是过了冬的；8月出生第二代，9月则是第三代。只要持续高温，幼虫变态就很快，三四周时间，长腹蜂便足以完成一个周期的循环。9月来临，随着温度下降，巢中的幼虫们匆忙的活动暂时停止；最后一批幼虫只有等待酷暑的回归才能变为成虫。

第三章 🐝 本能的差错

我对长腹蜂的观察已告一段落，如果人们仅仅以这个观察员所能提供的资料进行研究，我承认，这个观察员的角色是无足轻重的。长腹蜂经常光临我们的居所，它们用泥巴筑巢，在里面储存蜘蛛作为食物，它们为自己织一只茧，外表如同洋葱皮。然而，所有细节都没有多大意义。长腹蜂的收藏者可以聊以自慰，他渴望能连翅脉都记录下来，以便能稍稍阐明他的系统框架。而思想严肃的人只是把长腹蜂看作能激起幼稚好奇心的事物。是否真的有必要耗费时光——转瞬即逝的时光，正如蒙田①所说的"生命的锦缎"，去收集一些价值平平、用处又极有争议的事实呢？花这么多时间去了解一只昆虫的行为，难道不孩子气吗？有太多更严肃的问题压得我们喘不过气来，哪有闲暇玩这种游戏？——岁月的坎坷经历让我们如是说。所以，在结束研究时，我要总结一下，我是否从纷繁复杂的观察中窥见了些许光明，澄清了最令人困惑不安的问题。

生命是什么？我们是否有一天有可能追溯到它的源头？我们将来能否在一滴生蛋白中激起生物构造最初的涟漪？人类的智能是什么？它与动物智力的区别在哪里？本能是什么？心理学上的两种能力倾向是必不可少的吗？它们是基于一个共同的因素吗？物种是否按照进化论所谓的家系而彼此互相关联？它们是否只是一枚枚经过不同楔子捶打的永恒纪念章，迟早会被世纪的风雨腐蚀殆尽呢？这

---

① 蒙田：法国启蒙时期的伟大作家，著有《蒙田随笔》。——校注

些问题困扰着所有受过教育的头脑，而且将来也会如此，那时我们为解决这些问题所做的努力也将毫无收获，因此，我们现在就应将它们扔进神秘不可知的虚幻之境中。今天进化论竟凭着异乎寻常的胆量，试图解答一切问题；然而，上千个理论观点都抵不上一个事实，进化论要赢得摆脱了传统思维模式的思想家们的信任，为时尚早。对此类问题，无论科学的解决方法是否可能做到，都需要一大堆很翔实的数据。而昆虫学可以提供一些有一定价值的资料，尽管它研究的领域很冷僻。这就是为什么我进行观察，尤其是进行实验的原因。

观察，已经是件挺累的事，但并不够，我还必须做实验，要亲自介入，创造人为条件，迫使昆虫揭示在正常情况下缄口不言的事情。为了达到追求的结果，将昆虫的各种行为巧妙地结合在一起，足以使我们对这些行为的真正意义心服口服；而其行为的连贯性又使我们承认，逻辑的确支配着我们。我们仔细审度的，既不是昆虫各种能力倾向的本质，也不是行为的原始动因，而是我们自己的观念，这些观念总是给我们所认同的看法予以有利的回答。正如我常常提出的看法，仅仅靠观察常常会引人误入歧途，因为我们遵循自己的思维模式来诠释观察所得的资料。要使真相从中现身，就必须进行实验，只有实验才能帮助我们探索昆虫智力这个深奥的问题。人们曾否认昆虫学是一门实验科学，如果昆虫学仅囿于描写和分类，这种指摘便可站得住脚；但描写和分类只是昆虫学最肤浅的功用，它还有更高的目标；就某个有关生命的问题对昆虫进行研究时，昆虫学的一系列问题就必然靠实验来解答。在我所从事的平凡的研究领域里，如果忽略了实验，我就丧失了最有力的研究手段。通过观察可以提出问题，通过实验则可以解决问题，当然问题本身必须是可以解决的；即使实验不能使我们茅塞顿开，至少可以往混沌一片的云雾中投射些许光明。

我再回到长腹蜂上来，是时候对它进行实验了。有间蜂房刚完工，捕猎者带着第一只蜘蛛突然来到。它将猎物存入蜂房，立刻在猎物的肚子上产了一枚卵，随后它就飞走，第二次巡猎。趁它不在时，我用镊子将猎物连同卵一起从蜂房里夹了出来，长腹蜂回来后，面对空空的、不见了卵的蜂房会怎么办呢？那枚卵可是它的筑巢技术和捕猎艺术的唯一目的啊！

如果长腹蜂可怜的脑子里有点微光，能够分辨存在的和不存在的事物，这个失窃者就一定会意识到卵已经不见了。由于卵只有一枚，体积又小，一旦丢失可能不会引起注意；然而，它是产在一只相对较大的蜘蛛身上的，因而当长腹蜂回巢后，往第一只蜘蛛旁边放第二只猎物时，靠触觉和视觉一定会发现第一只猎物不见了。这只大蜘蛛不见了，卵自然也不见了，假定长腹蜂具备最基本的推理能力，它应该能发现。我再一次设问，长腹蜂面对丢失了卵的蜂房会怎么办呢？如果它不再次产卵，弥补上一次的损失，那么，再往不见了卵的蜂房里添加食物，这个行为就是无用而愚蠢的。它即将做的事，与棚檐石蜂的做法一模一样，但不如石蜂那么令人震惊。它将犯愚蠢的错误，白白耗尽气力。

长腹蜂带来第二只蜘蛛，怀着同样的愉悦和热情将蜘蛛存入巢中，仿佛什么令人气恼的事都没发生过；它继续运来第三只、第四只和更多的蜘蛛，而每次趁它不在时，我就把蜘蛛取出来，每次它狩猎回来时，巢中都空空如也。长腹蜂想填满无底洞似的蜂房，它执拗地持续了两天；它不停地往巢里储存食物，我则不停地掏泥坛。这两天内，我的耐心也丝毫未减。当它运来第二十只蜘蛛时，也许是不断重复、超乎寻常的远征使它觉得累了，于是它认为箩筐装得够满，便开始很认真地把空无一物的蜂房封闭起来。

在石蜂分泌出蜜汁，将蜜汁与花粉搅拌成花粉泥的过程中，我曾慢慢掏空蜂房，它的反应和长腹蜂一样不合逻辑。我看见它将卵产在空空的蜂房里，然后将蜂房封闭，好像里面的粮食都在那里，原封未动。但有一件事令我不安，我将棉花球从蜂房中抽出时蹭到蜂房内壁，留下了一点儿蜜汁，蜜味会蒙蔽石蜂，掩盖食物丢失的真相。石蜂的触觉不如嗅觉敏锐，因而当嗅觉认定一切正常时，触觉只有闭嘴的份儿。肯迪拉克①谈论的那著名的雕塑，唯一能激起其精神活动的，便是一朵玫瑰花的香味。当然昆虫的智力完全不同，然而，我们可以自问，对石蜂来讲，蜜的气味是否不至于左右其他感受能力。无论如何，在食物被掠夺的空巢里产卵，这种行为是解释得通的，因为蜂房内充满了食物的气味；这也是促使长腹蜂将蜂房小心谨慎地密封起来的原因，虽然幼虫定会饿死其中。

为了避免这些不理智的反对，给陷入绝境的唱反调者留下最后一线希望，我渴望找到比石蜂的荒唐行为更有说服力的证据。这种更有力的证据，长腹蜂刚刚便给了我们。在它的蜂房里，被偷走的食物除了留下有气味的汁液，没有任何残渣能对长腹蜂母亲隐瞒食物丢失的真相。我用镊子从蜂房深处夹出的蜘蛛不会留下任何短暂逗留的痕迹，同蜘蛛一同被取出的卵，也不会留下任何痕迹；只要长腹蜂有点警觉，就一定会发现蜂房已被洗劫一空。然而，这种说法毫无用处，什么也改变不了长腹蜂习惯的行为模式。接连两天，二十多只蜘蛛被先后送入蜂房，又先后被我取走，长腹蜂仍继续固

---

① 肯迪拉克（1715—1780）：法国18世纪诗人和哲学家。——译注

执地捕猎蜘蛛，为了一枚从一开始就失踪的卵；最后，蜂巢的大门被谨慎地堵死，它的小心翼翼与正常情况下的表现别无二致。

在研究这些怪异的行为所导致的后果之前，我先做了一个更惊人的实验，仍然以长腹蜂为实验品。我曾讲过，在长腹蜂筑完一大堆蜂巢之后，怎样用粗糙的泥巴涂抹蜂巢外壁，在泥巴外壳下，陶器的雅致消失殆尽。我曾偶然见到一只长腹蜂正往刚落成的蜂巢外壁上抹泥团，蜂巢筑在一堵涂了白石灰泥的墙上。我脑子里突然闪过将它掳走的念头，隐约地希望能有新发现。我的确有新发现，而且是非常有价值的发现，我发现了比我能预见的还要荒谬的事。先说那只巢吧，我把巢从墙上抠下来装入袋里，墙上就只剩薄薄一层残破的网，标示出一团泥巴的轮廓。除了轮廓中有几块零星的泥巴，墙面又恢复了灰泥涂层的白色，与蜂巢表面的灰白色很不相同。

长腹蜂衔着黏土回来了，没有丝毫令我期待的犹豫，它扑向空白一片的地方，将小泥团往上一贴，略微抹开一点儿。如果蜂巢仍在，整个操作会按部就班地进行。从工作的热情和冷静来看，毋庸置疑，它一定以为它正在粉刷自己的府邸，然而它粉刷的其实只是已光秃秃的屋基。原来的地方变了颜色，平坦的墙面取代了原先泥团凹凸起伏的表面，这些都没能提醒它，蜂巢已经失踪了。

难道这是暂时的分心，由于工作过分热情而导致的粗心大意？那么，小家伙肯定会回心转意，意识到自己的错误并立即停止做无用功吧。但是它不，我见它来回飞了三十多次，每一次返回它都带回一团泥巴，将泥巴分毫不爽地全贴在蜂巢底部留在墙上的那圈泥印内，它根本不记得蜂巢的颜色、形状和立体感，它的记忆只是惊人地忠实于地形学细节；它不知道什么是最主要的，却能牢记次要的东西。从地形学上讲，蜂巢就在那里；巢不见了，这是事实，但蜂巢的地基还在，似乎已经足够。长腹蜂仍不辞辛劳地运来泥巴粉刷蜂巢，尽管蜂巢已不在墙上。

以前我曾十分惊讶于石蜂能牢牢地记住支撑蜂巢的卵石位置，却对蜂巢本身缺乏认识，当它的蜂巢被另一个完全不同的东西取代后，它仍不停地继续未完成的工作[①]。在判断错误上，长腹蜂表现得更离谱，它最后还要给那假想的蜂巢——只剩原址未变的蜂巢，抹上几刀灰泥。

然而，它的智力是否比穹顶屋建筑师更迟钝呢？所有昆虫似乎都没有偏离一个共同的现象：当实验者搅乱它们本能行为的一般步骤时，我们认为最具天赋的昆虫，却显得和其他昆虫一样头脑迟钝。如果我想找合适的时机对石蜂进行实验，它可能会如长腹蜂一样犯不合逻辑的错误，这个职业粉刷匠一定会像长腹蜂那样，继续粉刷被掳走的蜂巢留在卵石上的屋基。我对理论体系的创立者们赋予昆虫的理性光芒已丧失信心，因而我认为，我对石蜂评价不高并非出自武断的臆测。

我亲眼见到长腹蜂这位筑陶艺术家，分三十多次将小泥团一个个运来贴在光墙上并抹平，还自认为是将泥巴抹到了蜂巢上呢。看够了长腹蜂坚持不懈的努力，我便从这只总在为一个不存在的东西而忙碌的长腹蜂身旁走开了。两天后，我又来拜访这块被粉饰过的地方，泥巴涂层看上去和一只筑好的蜂巢没什么区别。

我刚提出过这样一个观点，各种昆虫基本智力的上下限几乎都一样：某种昆虫由于缺乏足够的应变能力而无法摆脱偶然的困难，

---

① 见卷一第二十二章。——校注

其他昆虫同样也无法摆脱，无论它是何种性别、种类。为了使实验数据更丰富多样化，我开始用鳞翅目昆虫做实验。

大孔雀蛾是我们地区个头最大的一种蛾。它的幼虫身体呈淡黄色，镶有一颗颗青绿色小珠，珠子周围有一圈黑色纤毛。它结在杏树根上粗硬的茧，因构造精巧早已声名显赫。蚕蛾的胃中具有一种奇特的溶解剂，在即将破茧而出时，新生蛾就把溶解剂吐在茧的内壁上使内壁软化，并溶解将丝纱胶着在一起的胶体，然后它只要用头一顶，就可以从茧中出来获得自由。多亏了这种试剂，这位隐士可以顺利地从前端、从后端、从侧翼，冲破它的丝牢。即便我用剪刀捅破茧壳，将蛹在茧里翻个身，然后再将茧缝合，我发现它也是这样出来。我随意改变钻点，但不管钻孔口在哪里，它分泌的液体总能立刻浸润并软化内壁；然后，幽居者前足竭力挣扎，用额头使劲顶那堆乱糟糟的已剥蚀了的丝纱，轻易地打开了一条出路，像正常情况下破茧而出一样轻松自如。

大孔雀蛾没有用溶解剂解缚的本领，它的胃无法产生能够摧毁牢墙似的防御性外壳的腐蚀剂。如果我将茧剪开，将蛹翻个身再把茧缝合，蛾子会因无力自我解脱而腐烂在里面。改变突围点会使大孔雀蛾无法解缚，因而要从茧这个保险箱里出来，大孔雀蛾就必须拥有一种特殊的方法。大孔雀蛾的方法与蚕蛾的化学方法没有丝毫联系。说了一大堆题外话，现在我来谈谈大孔雀蛾是如何出茧的吧。

大孔雀蛾的茧，前端呈锥形，另一端为圆形。在茧的前端，丝纱并没有黏合在一起，其他地方的丝纱则被一种胶体粘在一起，变成一层坚硬不透水的羊皮纸。前端的丝纱几乎是笔直的，松散地汇聚成一圈锥形栅栏，锥底是一个圆圈，就是在那里，大孔雀蛾突然停止使用黏胶。把这种构造的茧比作捕鱼篓十分恰当，鱼儿顺着柳条编织的漏斗口就可以自在地游进捕鱼篓，但一不小心进去后就再出不去了，因为只要它稍做努力想冲破捕鱼篓，狭窄的通道就会将篓口束紧。

我可以打另一个形象的比方，茧的前端好似入口由一束排成锥状的铁丝构成的捕鼠器，在诱饵的引诱下，老鼠微微一顶，捕鼠器入口便张开，于是它溜了进去，可当它想出来时，原先还如此温顺的铁丝就变成了一排难以逾越的拦路戟。捕鱼篓和捕鼠器都让猎物进得来出不去，而如果反向，由内而外地安装锥形栅栏，作用就完全相反，出去容易进来难。

大孔雀蛾的茧便是如此，并且更胜一筹。茧口类似捕鱼篓和捕鼠器的入口，是由许多相互榫合且越来越扁的锥体组成的。蛾子只须用额头往前一顶，便可出茧，毫不费力地就使没有胶合在一起的丝纱让开一条路。一旦隐士获得了自由，丝纱就又恢复原来的形状，从外表根本看不出茧是空的还是有蛹住在里面。

能轻松地出茧还不够，在蛹变态期间，还需要坚不可破的隐居所，宅子的门可以使里面的居民自由出去，同样也必须使任何居心不良者无法进入。捕鱼篓入口的构造，极好地满足了大孔雀蛾自救必不可少的条件。无数收束起来的丝纱栅栏受到的挤压力越大，产生的阻力就越大，对于那些胆敢侵犯大孔雀蛾居所的虫子来说，穿越丝纱栅栏进入茧中是行不通的，这个机关像其他一切杰作一样，制作简便，但成效显著。虽然我对这个机关的诀窍相当了解，但当我捏着一只已打开的茧，试图将一支铅笔从茧口塞进抽出时，我还是赞叹不已。当铅笔从里往外抽时，它一下子就从茧口通过了；而当它从外往里戳时，却被一股不可抗拒的力量拦阻。

我重复叙述这些细节是为了说明，丝纱栅栏的合理构造对大孔雀蛾有多重要。如果丝纱次序错乱，混杂一片，且根根桀骜不驯，顶推都无济于事，那么，这一系列榫合在一起的锥体，就会产生难以克服的阻力，蛾子就会烂死在里面，成为幼虫拙劣技术的牺牲品。如果锥体按几何结构建成了，但每一束线之间的空隙很大而数量又不够多，隐居所就会暴露在外界的危险之下，茧中的蛹就会成为入侵者的食物，许多虫子都在寻觅昏睡中的蛾子幼虫这些较易捕获的猎物呢。因此对于蛾子幼虫而言，建造一个有双重效用的出口，是一件非常重要的事。为此，它必须付出它所具有的全部洞察力、智慧和应变能力，它必须展示它最出色的才能。我随它一起进入它的工作，我将对它进行实验，我会发现它身上的特别之处。

茧壳和出口的建造是同步进行的。当织完内壁上某一点后，幼虫就必须转身，用没有断掉的丝继续织那束汇聚起来的栅栏。它将头伸至已粗略完成的漏斗底部，然后将头缩回来，一股丝便成了两股，就这样它的头不断伸缩，便产生了一根双股细丝，细丝彼此间并不相连。这道工序所花的时间并不长，在织完一排栅栏以后，幼虫又重新开始织茧壳，过一会儿再次去织那漏斗。它就这样不断地循环往复，应该让丝纱松散时，它便中断分泌胶体；当为了得到牢固的织物而将丝纱黏合在一起时，它便分泌大量胶质。

漏斗状的出现并不是连续施工、一气呵成的；漏斗随着茧壳的织造慢慢地成形，整个进程是间歇性的。从织茧开始到结束这段时间里，只要储丝罐尚未耗竭，它就会一层又一层地往漏斗上加丝，但不忽略茧的其余部分。这一层一层丝纱就形成了一些互相榫合且角度越来越圆钝的锥体，最后织成的那些越来越扁，几乎变成了平面。

假若没有什么来打搅这个织茧工，工作应该会完美地进行。一门了解事物所以然的明智技艺，是不会放弃完美的。那么，幼虫会不会哪怕只是稍稍了解其作品的重要性，以及相叠的锥形栅栏将来的作用呢？这就是我将要研究的问题。

我用剪刀剪去锥体一端，茧口开了个洞，此时纺织工正在另一端忙碌呢。幼虫连忙掉转身来，将头探入我刚剪开的豁口中；它似乎在探察外面的世界，打听发生了什么意外事故。我等着看它修补破洞，重新圆满地织补被我用剪子剪坏的锥体。它确实在那里干了一会儿，竖起一排内敛的丝纱，然后便不再关心这场灾祸，就把纺丝器用于别处，继续将茧壳增厚。

建筑在缺口之上的锥体，细纱的间隔很疏松；此外，锥体很扁，突出部分与锥体最初的幅度大不相同。这不得不让我心头涌起大大的疑问，我认为修补的部分只是继续施工的结果，这条被我不怀好意用作实验的幼虫，并没有改变工作步骤，尽管危险迫在眉睫，但它就像茧没有挨过我一剪子一样，继续织造一层本该嵌入茧口中的细纱。

我听任它继续织茧；当茧口重又变得坚实时，我第二次将它截断。这只虫子对此毫无觉察，继续编织角度更钝的锥体，继续习惯性地工作，根本没有试图彻底修复茧，尽管现实迫切需要它这么做。假使它储存的丝快吐完了，而它又尽全力用仅剩的那丁点材料修补它的茧，我会很同情这个被试者的不幸；然而，我却看见这只幼虫还在傻傻地往已经够结实的茧壳上慷慨吐丝，可对封口用丝却极为节俭、吝啬。疏忽封口，等于拱手将居住在茧中的居民送给任何一个来访的贼。丝并不缺乏，纺纱女将丝一层层地吐在没有遭到破坏的茧壁；而用于缺口上的丝纱量与正常情况下一样。这并不是由于缺丝而不得不节省，而是对习惯做法的盲目坚持。面对这种极度的愚蠢，我由同情转为惊愕，这种愚蠢使幼虫在为时未晚时不去修补破房子，而是把精力花在给一栋今后无法居住的房子添加多余的装饰物。

我再次将茧切断，当该继续完成一系列榫合的锥体时，幼虫在缺口处竖满聚成圆盘形的纤毛，如同编织茧口没有遭到破坏时的最后几层一样，表明茧即将织完。又过了一会儿，幼虫将茧加固；然后稍事休息，便在这间防御工事薄弱、不堪一击的宅邸里开始化蛹。

总之，这条幼虫对破栅栏的危险性一无所知，每次茧被截断后，它都从事故发生时停止工作的地方继续干下去，既没有去彻底修缮被损坏的茧口，尽管它仍储备有相当充足的丝，也没有在缺口处重织一个表面突起的多层锥体，修缮我用剪刀截走的栅条，而是在那里织起了一些渐次降低的纤毛层，这个纤毛层是已缺失的纤毛层的延续而不是重筑。修筑栅栏的工作，在外人看来是极为重要的，似乎并没有引起幼虫过多的关注，它总是不断交替地织造茧口和茧壳，尽管茧壁远不如茧口紧迫，一切都按常规进行，就好像没有遭受劫掠一样。一句话，幼虫没有重新做之前已完成却随即又被毁坏的工作，它只是继续手中的工作。工程的初始部分丢失了，可是，它仍然接着原来的往下干，根本不会修改原计划。

如果我的论据必须充足明白，我可以毫不费力地举一大堆相似的例子，来说明昆虫的头脑中根本不存在理性的辨别力，即使劳动成果的高度完善性似乎赋予了劳动者某些洞察力。我暂且谈谈我刚刚举过的三个例子吧。长腹蜂不停地为一枚被掳走的卵储存蜘蛛，坚持进行已失去目的的捕猎，它屯集的粮食毫无用处。为了填满储存食物的坛子，它无数次地拍击树林赶出猎物，而那只食品坛刚被我用镊子劫掠了；最后，它像平常一样小心翼翼地将蜂巢封好，而蜂巢里却什么都没有，它给虚无打上封条。还有更荒唐的呢，蜂巢失踪了，可它仍往原址上涂抹灰泥层，为一个假想的庇护所而忙碌，还以为是给被我掏空底部的房屋盖上屋顶呢。与它相比，大孔雀蛾的幼虫，不顾未来无法变成蛾子的危险，继续心平气和地织啊织啊，不重新修补被我用剪子截去的捕鱼篓似的茧口，丝毫不改变工作的常规步骤；就快织最后几排防御性栅条的时候，它将细丝竖在危险的缺口上，却没想到将栅栏被损毁的部分重筑一下，它对必须做的事情漠不关心，只顾做着无用功。

从这些事实能得出什么结论？为虫儿们的体面着想，我愿意相信，它们的头脑中存在某种不专心，某种无伤其洞察力的粗心大意；它们的判断错误是孤立的例外的行为，与明智的整体无关。唉！当我试图为这些虫子恢复名誉时，最雄辩的事实却迫使我缄口。一切昆虫，无论是哪一种，被用于实验时，都会在被搅乱了的工作步骤中，犯一些相似的荒谬错误。受事实不可动摇的逻辑所约束，我只能如实地归纳我从观察中得出的结论。

昆虫在筑巢时既非自由的，也非有意识的，对它而言，外在功能的各阶段，是跟内在功能的各阶段，用同样的精确度来调节的，比如说消化的各阶段。昆虫筑巢、织网、捕猎、蜇刺猎物使其瘫痪，就和它消化食物、从武器中分泌毒汁、织茧用的丝和筑巢用的蜡一样，对自己所使用的方法和最终的目的，不曾有丝毫的了解。如同它的胃不知道胃中所蕴含的化学物质是什么，它对自己的出色本领也一无所知。它不能往上添加些什么或削减些什么，就如它无法主宰自己的背部脉管、增加或减少脉搏一样。

意外事故的考验对昆虫不起作用，它现在是怎样按部就班地干活，遇到突发事件必须改变原工作步骤时，它也依然我行我素。它不懂吸取经验教训，时间不会使它黑沉沉的意识变得开化。它的艺术，从专业角度讲无懈可击，但是稍微有点新困难就会显得荒诞不经；但这种艺术却恒久不变地代代相传，就如哺乳期婴儿的吸吮艺术一样。期望昆虫改变艺术的基本原则，等于指望婴儿改变吮乳的方式。两者对自己所做的事一样无知，为了保护自己的种族，昆虫坚持使用必需的方法，这恰恰是因为无知阻止了它们进行任何尝试。

因而昆虫缺乏思索、回忆、追溯历史的能力，没有这种能力，接着发生的一切就会失去全部价值。在工作的各阶段，一切已完成的行为只是因为它已经完成才具有价值；昆虫再也不会重复已完成的行为，即使某种意外要求它这么做；该做的它仍接着往下做，前面做好了但已丢失的部分，它根本不会关心。一股盲目的冲劲促使它从第一种行为投入第二种行为，从第二种又投入第三种，直至工作全部完成；它不可能再重复已结束的步骤，即使意外甚至非常迫切的情况迫使它必须改变行为，它还是不可能再重复已结束的步骤。整个行动结束了，这个不具任何逻辑概念的劳动者，便认为自己的工作很合逻辑地干完了。

刺激昆虫劳动的诱饵是快感，这是它们的第一动力。母亲对幼虫的将来没有丝毫预见，它不会有意识地为了养育子女而去筑巢、打猎和储存食物。劳动的真正目的，它是无法看见的，次要而具刺激性的目标，即体验快感，才是它唯一的向导。当长腹蜂在蜂房里塞满蜘蛛时，它感受到了强烈的满足感；当卵被从蜂房中掳走、所有食物都变得毫无用处时，它仍以百折不挠的热情继续狩猎。它兴高采烈地用泥巴涂抹蜂巢的外壁，而当蜂巢被从墙上摘走时，它仍继续涂抹原址，丝毫不怀疑这样做是白费气力。其他昆虫也是如此，要指责它们的差错，就应该像达尔文希望的那样，假设它们的头脑中有些许理性；但如果它们不具备任何理性，对它们的指责就站不住脚，它们的反常行为是"无意识"偏离正轨的必然结果。

第四章 🐝 燕子和麻雀

长 腹蜂给我们提了第二个问题。它经常光临我们的寓所，在其中寻求温暖。它们的蜂巢并不坚固，会渗水，会被雨水淋坏，稍微持续一段时间的湿气就会使它彻底坍塌，因而一个干燥的庇护所是必不可少的。而这个庇护所，哪里都比不上我们人类的居所。此外，长腹蜂怕冷的习性也要求它有一个暖洋洋的隐身之处。也许它是一个尚未适应温带气候的外来者，一个来自非洲的移民，从椰枣的国度来到橄榄的国度，发现温带的阳光不够充足，便借助炉膛内的高温来替代它的族类喜爱的热带气候。这或许能说明，它的习性为何与其他捕食性膜翅目昆虫如此不同，它们大都避免与人过于接近。

长腹蜂在成为我们居所的客人之前，还经历了哪些阶段呢？在人类修筑的房屋出现之前，它住在哪里呢？在壁炉出现以前，它的卵在哪里孵化呢？附近山区里遍布着塞里昂的古加那克人①曾经居住过的遗迹。当他们还处于打磨燧石作武器、剥下羊皮当衣服、搭起树枝和泥巴构成的茅屋以栖身的时代，长腹蜂就已经光临他们的小茅屋了吗？它会把巢筑在一只焙烧得五分熟、用拇指捏出来的黑土大圆肚坛子里，并通过选择比较，教育后代寻找农家壁炉上的干葫芦筑巢吗？它敢将巢筑在桌布的皱褶里、悬挂在鹿角这个古老的衣帽架上的狼皮和熊皮里，并试图就这样步步为营，直至占据窗帘和工人的罩衫

---

① 古加那克人：指主要居住在拉尼西亚（太平洋岛群，法属海外领地）的民族。——译注

吗？在选择蜂巢支撑物时，它是不是更喜欢茅屋中央由四块石头砌成的锥形烟囱口，枝丫交错混合着黏土的内壁呢？古代的烟囱自然不如我们现在的烟囱，但在紧要关头它还是很派得上用场的。

从艰苦的开端到现在，如果我们地区的长腹蜂真是与原始加那克人同代，那么它的筑巢地有了多大的进步啊！文明也给它带来了很多益处，它知道怎样利用人类越来越安逸、舒适的生活为自己谋取福利。房屋有了屋顶、托梁和天花板，炉膛有了侧壁和烟囱，这怕冷的家伙自言自语道："这里多好啊！我们就在这里搭起帐篷吧！"尽管这些地方是全新的，它还是迫不及待地占据了。

再回溯到更久以前，在小茅屋、洞穴隐身处，以及人这个最后一个来到世界舞台上的动物出现以前，长腹蜂在哪里筑巢呢？我们很快就会发现，这个问题并非没有意义，而且，也不是孤立的。在窗户和烟囱出现以前，燕子在哪里筑窝呢？在瓦屋顶和有窟窿的墙壁出现以前，麻雀会为它的家人选择怎样的栖身处呢？

"就这样孤独地在屋中度过"，大卫王①已说过。从大卫王的时代起，每逢盛夏酷暑，麻雀就躲在屋檐瓦片下，悲戚地叽叽喳喳，就像现在一样。那时的建筑与我们今日的没有多大区别，至少对麻雀来讲都一样舒适；它很早就以瓦片为藏身处了。但是，当巴勒斯坦只有骆驼毛织成的帐篷时，麻雀又选择何处栖身呢？

维吉尔谈到善良的艾万德，他在两只高大的牧羊犬的带领下，来到主人埃涅阿斯身旁②。维吉尔指给我们看大清早就被鸟儿的歌声

① 大卫王（前1010—前970）：希伯来人的第二位国王，传说是《圣经》中部分诗篇的作者。——译注
② 艾万德：古罗马传说中的英雄，是众神使者墨丘利和一个山林仙女之子，维吉尔在《埃涅阿斯纪》中将其写成埃涅阿斯的盟友。埃涅阿斯：古罗马传说中的特洛伊王子，古罗马缔造者的祖先。维吉尔长篇史诗《埃涅阿斯纪》以此为本。——译注

唤醒的艾万德：

> 艾万德在陋室中，亮光惊醒了友好的
>
> 报晓的鸟儿，它们尽情歌唱

这些从曙光初现时就在拉丁姆①老国王的屋檐下喞啾鸣叫的鸟儿是什么样的呢？我只见到两种：燕子和麻雀。两者都是我的隐庐的闹钟，跟农神时代一样准。艾万德的宫殿没有丝毫奢华的地方，诗人并不隐瞒。"这是一间陋室"，他说。另外，家具也说明建筑的简陋，主人用一张小熊皮和一堆叶子给显赫的客人铺床：

> ……给埃涅阿斯铺一张利比亚熊皮的树叶床

艾万德的卢浮宫是一间比其他茅屋稍大一点儿的陋室，也许是用树干垒起的，也许是用芦竹和黏土拌成的柴泥砌成的，在这间乡村宫殿上覆盖一个茅草屋顶是最适当的。无论居住条件有多原始，燕子和麻雀总在那里，至少诗人肯定它们就在那里。但是，在以人类居所为栖身处之前，它们住在哪里呢？

麻雀、燕子、长腹蜂和其他许多动物，筑巢时不可能依赖于人类的建筑工艺；每一种动物都应具备一门至关重要的建筑技艺，使它可以最好地使用可支配的场地。若有更好的条件出现，它则加以利用；若条件很差，它则仍旧使用古老的方法，古法施行起来虽然很艰难，但至少总是可行的。

---

① 拉丁姆：意大利中部地区，在第勒尼安海边。——译注

麻雀将第一个告诉我们，当还没有墙壁和屋顶时，它的筑巢艺术是什么样的。树洞，由于高高在上可以避开不知趣的家伙，由于洞口狭窄使雨打不进来，且洞窟又足够宽敞，因而对麻雀来说，是中意的最佳住所，即使附近到处都是老墙和屋顶。村中掏鸟窝的小孩子都知道，而且大肆去掏这样的鸟窝。在利用艾万德的陋室和大卫建筑在丝隆①岩石上的城堡之前，中空的树干是麻雀的第一府邸。

麻雀筑巢的材料更绝妙，它那张奇形怪状的床垫，杂乱无章地堆集着羽毛、绒毛、破棉絮、麦秸等，似乎必需一个固定而平展的支撑物。可是，麻雀对此嗤之以鼻，时不时地，由于一些令我费解的原因，它会想出一个大胆的方案，它打算在树梢上，仅以三四根小枝丫为依托筑个巢。这个笨拙的织垫工想有一个悬在半空、摇摇摆摆的窝，这可是精通编织技艺的篾匠和织布工的绝活。可它终于还是成功了。

它在几根枝丫的树权间，积聚了它能在民居周围找到的所有可以用于筑巢的东西：碎布头、碎纸片、线头、羊毛絮、小段的麦秆和干草、禾本科植物的枯叶、纺纱杆上落下的卷麻或卷羊毛、在野外曝晒了很久的狭长树皮、果皮等。它用这些五花八门的破烂玩意儿，做成了一个大大的空心球，侧面有一个窄窄的出口。麻雀窝的体积极其庞大，因为穹形窝顶必须有足够的厚度，才能抵御瓦片阻挡不住的雨水；它的窝布置得很粗糙，没有任何艺术性，但相当结实，经得住一季的风吹雨淋。如果找不到一棵有树洞的树，麻雀就得这样从头干起。现在，这种原始的艺术，无论在材料还是时间上都代价太高，已很少采用。

———————————

① 丝隆：耶路撒冷的一座山丘名，它通常用来指代耶路撒冷。——译注

　　两棵高大的法国梧桐的浓荫遮蔽了我的宅子，树枝触及屋顶。整个美丽的夏季，麻雀都在那里繁衍生息。雀儿数量之多，令我的樱桃树不堪重荷。梧桐交互掩映的青枝绿叶是麻雀飞出巢的第一站，小麻雀在能够飞起见食前，都待在树枝间叽叽喳喳叫个不停；一群群吃得肚满肠圆的麻雀从田间飞回来，在那里歇息；成年麻雀在那里聚头，照管家中刚出巢的小雀儿，它们一边训诫不谨慎的孩子，一边鼓励胆小的孩子；麻雀夫妇们在那里拌嘴；还有些在那里议论白天发生的事情。从早到晚，它们就在梧桐树和屋顶间不停地飞来飞去。然而，尽管它们这么不辞辛劳地飞来飞去，12年间我却只见过一次麻雀将巢筑在树枝间。有一对麻雀夫妇决定在一棵梧桐树上筑空中鸟巢，但它们似乎对这个成果并不满意，因为第二年它们没有在那里重筑新窝。从此我再没有亲眼见过哪只麻雀将大大的球状巢安在树梢，随风摇晃。瓦屋顶提供的庇护所，既稳又省力，自然深受雀儿们的偏爱。

　　我现在对麻雀最原始的艺术已有了充分的了解，接下来燕子会告诉我们什么呢？有两种燕子经常光临我们的居所，一种是城里的燕子，窗燕，另一种是乡下燕子，烟囱燕。这两个名字都取得很糟，无论是学者的术语还是粗俗的口语都一样。修饰语"窗"和"烟囱"，把一种燕子形容成一个城里人，而将另一种形容成一个村姑；其实，两个名字完全可以张冠李戴，无论住在城里还是乡村对它们都一样。限定词"窗"和"烟囱"的精确性非但很少为事实所证明，相反总是被事实所驳斥。为了使我的散文更明晰，也为了符合我们地区的这两种燕子的习性，我将第一种称为"墙燕"，第二种称为"家燕"。这两种燕子之间最明显的区别是窝的外形。墙燕将巢塑成球形，只留一个容燕子勉强通过的小圆孔，家燕则将巢塑成一只敞开的口杯。

至于筑巢地，墙燕不像家燕那样和人亲近，从不选择我们居所的内部。它喜欢在户外筑巢，支撑物很高，远离不知趣的家伙；但同时一个能遮雨的庇护所又是必不可少的，它的泥巢几乎跟长腹蜂的巢一样怕湿，因此它更喜欢安身在屋檐下和建筑物突起的墙饰下。每年春天，燕子都会来拜访我。它们喜欢我的屋子，屋檐向前伸出有几排砖那么宽，就像人们给屋子搭的凉棚一样，屋檐拱曲成半圆形。屋檐下有一长串排成半圆形的燕窝，上面的砖石为它们挡住雨水，朝南的一面又可以接受阳光的温暖。在这些如此整洁、安全的燕窝中，燕儿唯一的尴尬便是不知选哪一个好。燕子为数之多，总有一天那里会成为燕子的殖民地。

除了我家的屋檐，以及教堂这座唯一有文物气派的建筑物的墙饰下以外，我没见村里其他地方被燕子认可为是合适的筑窝点。总之，户外一堵可以挡雨的墙，就是燕子对我们的建筑物的全部要求。

陡直的峭壁是天然的墙，如果燕子发现峭壁上有一些凌空突出好似挡雨檐的部分，一定会将它选作筑巢点，它和我们的屋檐没什么两样。其实，鸟类学家知道，在深山密林、人烟稀少的地方，墙燕会在山岩的峭壁上筑巢，只要球形泥巢能在庇护物下保持干燥。

在我家附近矗立着吉贡达山脉，这是我曾见过的最奇怪的地理形态，长长的山脉陡然倾斜，连在高处驻足都不可能；能够上去的那面山坡也得攀缘而上。在其中一座陡峭的悬崖下，裸露着一张巨大的岩石平台，好像泰坦人的城墙，平台上是锯齿状陡直的山脊，当地人将这独眼巨人[①]的城墙称为"花边"。一天我在巨石底部采

---

① 独眼巨人：指希腊神话中的独眼巨人库克普罗斯，一般用来形容庞大的事物。——译注

集植物，突然我的视线被一大群在裸露的石壁前繁衍的鸟儿吸引。我一眼就认出了墙燕，它静默的飞翔、白色的腹部以及附在岩石上的球形燕窝，使我能够认出它来。这一次，我终于从书本以外了解到，如果没有建筑物的墙饰和屋檐可供选择，墙燕会将巢筑在笔直的岩石壁上。在人类建筑产生以前，它就开始筑巢了。

关于家燕，问题更棘手。家燕比墙燕更信赖热情好客的人类，并且也许更惧怕寒冷，它们总是尽可能将巢安顿在我们的居所内。在紧急时刻，窗洞里、阳台下都行；但它们更喜欢仓库、谷仓、马厩和弃置的房间。与人同居一屋共同生活，是它已熟悉和习惯的，它与长腹蜂一样毫不惧怕占有人类的地盘。它在农庄的厨房里安家，在被农家的烟灰熏黑的托梁上筑巢；它甚至比那种制陶昆虫更富冒险精神，将客厅、储藏室、卧室和一切像样的、容许它来去自由的房间，都变成自己的家。

每年春天，我都必须提防它在我家大肆抢占地盘。我自觉地将仓库、地下室的门廊、狗窝、柴房和其他零散小间都让给它。但它野心勃勃，并不满足，它还想要我的实验室。有一次它想将巢安在窗帘的金属杆上，另一次是在打开的窗扇边上。在它为筑巢铺上第一块草垫的时候，我就把它的巢给掀了个底朝天，试图让它明白，将巢筑在活动的窗扇上是多么危险，窗扇经常开啊关的，很可能会碾坏它的小窝，碾死窝中的雏燕；而且窗帘会被它的泥窝和雏燕的屎尿弄得肮脏不堪。然而，我白费心机，根本无法说服它；为了终止它固执的工作，我不得不一直关着窗。如果窗开得太早，它又会衔着泥飞回来重新筑巢。

从这次经历中我才明白，家燕向我如此强烈地要求的殷勤好客，会让我付出怎样的代价。假如我在桌上摊着一本贵重图书，或一张早晨刚画好的墨汁未干的蘑菇素描，它一定会在飞过时往上面落一团泥巴、一摊鸟屎。这些小小的惨剧使我变得疑虑重重，对这个令人腻烦的来访者，我必须处处小心提防。

我仅有一次未经受住它的诱惑。燕窝安在墙与天花板间的一个角落里，就在天花板的石膏线上。燕窝底下是大理石托架，我通常在上面放一些我要查阅的书。由于预料到可能发生的事，我便将小书架挪到别处去了。直到雏燕孵出，一切都很顺利；但雏燕一出壳，事情就全变了样。食物在它们无底洞似的肚子里穿肠而过，一会儿就被消化、分解。六个新生儿渐渐变得令人难以忍受，它们一刻不停地在那里"扑啦""扑啦"，鸟粪像雨点般撒落在托架上，啊！假如我可怜的书还在那里，该怎么办？尽管我用扫帚清扫，我的实验室还是充满了鸟屎味。再者，这是一种怎样的奴役啊！这间屋子晚上通常都关着，公燕便睡在外面；当雏燕渐渐长大时，母燕也睡到了户外。可是，天刚蒙蒙亮它们便等在窗口了，对玻璃的阻隔懊恼不已。为了给这对悲伤的父母开门，我不得不匆忙起身，由于困倦眼皮还沉沉的呢。不，我再不会受它们的诱惑，再不会允许燕子在一间晚上得关闭的屋子里栖息，更不会让它们进入实验室。正是我的过分仁慈，才招致了发生在实验室里的不幸事件。

燕窝呈半口杯形的燕子完全称得上是"家养的"，它就居住在我们的房屋内部。因此，家燕在鸟类中的地位，就如长腹蜂在昆虫中的地位一般。于是，关于麻雀和墙燕的问题再次闪过我的脑际：在人类的屋宇出现以前，它们居住在哪里呢？除了以我的隐庐为庇护所，我从来未见过它在别处筑巢。我查阅过有关图书，但作者的知识似乎并不比我多多少，压根没人提及中世纪领主的小城堡，除了平民百姓的居所外，不知燕儿是否曾在这些小城堡中栖过身。难道是因为它与人群相处时间太久，且在其中找到了安逸与舒适，而使人们将这种鸟儿的古老习俗忘得一干二净了吗？

我不相信，动物对古老的习俗并不健忘，在必要时它会回忆起这些习俗。现在某些地方仍有燕子不依赖于人类而独立生活，就像它在最原始的时代一样。如果通过观察无法得知燕子选择的栖息地，我期望通过类比来弥补观察的不足。对家燕来说，我们的居所意味着什么呢？意味着抵御恶劣天气的庇护所，能够抵挡对其半圆形泥巢构成极大威胁的雨水。天然的岩洞、洞穴以及岩石崩溃形成的坑洼都可以做庇护所，也许脏了点，但毕竟是可以接受的。毋庸置疑，当人类居所还未出现时，它就是在那里筑巢的。与猛犸和驯鹿同一时期的人类，也和它们一起分享岩石下的穴居，两者的亲密关系便在那时形成。然后，慢慢地，茅屋取代了洞穴，简陋的小屋取代了茅屋，陋室也为房屋所取代；鸟儿的筑巢点也逐步升级换代，它也跟着人类搬进了无比舒适的家中。

先结束有关鸟类习性这个离题话，回到长腹蜂上来，我将运用收集到的有关资料对长腹蜂加以分析。我们认为，每一种在人类居所中筑巢的动物，开始时一定都曾经在人类的房屋很少见的条件下筑过巢，以后一旦遇到这种情况，还会施展它们的技艺。墙燕和麻雀提供的证据尽善尽美；家燕对自己的秘密保守得很严，只提供了一些较确实的可能性。长腹蜂和家燕一样固执，始终拒绝透露古老的习俗。对我来说，长腹蜂的原始窝居一直都是个难解的谜。我们的壁炉内这位充满热情的侨民，过去远离人类时在何处栖身呢？我认识它已有三十多年，而它的故事总是以问号结尾，在我们的居所以外寻不到一点儿长腹蜂窝的痕迹。我使用了类比的方法，这种方法会给家燕的问题一个大概的答案；我深入岩洞和朝阳的岩石下的隐藏处进行研究，毫无所获。但我仍然坚持进行那些无用的考察，终于皇天不负苦心人，在我认为绝对有利的情形下，幸运三次降临于我，补偿我的不懈努力。

塞里昂地区的古采石场上满是一堆堆的碎石子，堆积了几个世纪的废料。这一堆堆石子便成了田鼠的庇护所，它们在干草垫上咀嚼从附近一带收罗来的杏仁、橄榄核、橡栗这些淀粉类食物，有时还吃些蜗牛换换口味，蜗牛的空壳就堆在石板下。一些膜翅目昆虫，如壁蜂、黄斑蜂、螺嬴，会在一堆废弃的蜗牛壳中挑选合适的螺旋形空壳筑巢。为了寻找这样的财富，我每年都要翻遍几立方米的碎石堆。

在干这些活时，我曾三次遇见长腹蜂的窝，有两只窝安在一堆石子的深处，贴着一堆比两只拳头稍大点的碎石，第三只巢固定在一块平坦的大石头下，就像地面上的一个穹顶。这三只终日在外经受风吹雨淋的蜂巢，结构与筑在我们屋内的蜂巢一样。筑巢的材料仍然是具有可塑性的泥巴，防御设施也只是一层同样的泥巴。危险的筑巢点，并没有启发这位建筑师对蜂巢进行任何的改善；它的巢与筑在壁炉内壁上的并没有什么两样。因此，我可以确认，在我们地区，长腹蜂有时会将巢筑在石子堆里和不完全接地的天然石板下，但很少见。在寄居于我们的寓所和壁炉内之前，它就是如此筑巢的。

还有一点尚待讨论，我见到的石子堆底下三只蜂巢的景况很悲惨，全都湿漉漉的，软得像泥潭里挖出来的，已无法再使用。蜂房都敞开，茧呈琥珀色，像洋葱表皮似的半透明，但已如破絮一般，也不见幼虫的踪迹。我发现这几只茧的时候正值冬天，应该是见得到幼虫的。这三间房子并不是长腹蜂飞走后留下的饱经沧桑的旧巢，因为出口的门还关得严严实实的。蜂房侧面豁了口，很不规则，长腹蜂出茧时绝不会如此猛烈地将茧撬开。它们是新巢，当年夏天刚筑的巢。

　　蜂巢破败的原因是它们没有受到很好的保护，雨水渗进一堆堆石子中，而石板下的空气中则充满了水汽，如果再下点雪，苦难就更深重；于是这些可怜的蜂巢开始分化、坍塌，使茧半裸在外。失去泥盆的保护，幼虫便成了屠杀弱者的强盗的战利品，某只经过那里的田鼠，也许饱餐了一顿鲜嫩的幼虫。

　　面对这些废墟，我心头起了疑惑，长腹蜂的原始技艺在我们地区可行吗？若在乱石堆中筑巢，这制陶昆虫能确保家人的安全吗？尤其是在冬季？这是相当令人怀疑的。在如此条件下筑巢的例子之罕见，说明长腹蜂母亲对这些地方非常厌恶；我发现的那些蜂巢的破烂景象，也似乎证明这些地方很危险。如果不太温和的气候使长腹蜂无法成功地运用先祖的技艺，这不证明了长腹蜂是个外来者，是从一个更炎热、更干燥、没有可怕的连绵不断的雨，尤其是没有雪的国度迁移来此的侨民吗？

　　我很乐意想象长腹蜂来自非洲。很久以前，它飞越西班牙和意大利一步步来到法国，长满橄榄树的地区差不多是它向北扩张的界限。它是个入了普罗旺斯籍的非洲客。听说在非洲，它们常把巢筑在石头底下，我想这不应该使它们厌恶人类的居所，只要能在人类居所中找到安宁。在马来西亚，与它同属的长腹蜂也经常光临人类的住宅，它们与寄居在我们壁炉内的长腹蜂习性相同，都同样偏爱飘动的布料和窗帘。从世界的这一端到那一端，所有长腹蜂都同样爱吃蜘蛛，爱筑泥巢，爱躲在人类的屋檐下。假如我在马来西亚，我会将石子堆都翻遍，我很可能会再发现一个相似点：石板下的原始筑巢法。

第五章 🪳 本能与鉴别力

当长腹蜂用灰泥涂抹墙上被我摘走的蜂巢原址时，当它坚持往那间卵已失踪的蜂房里填塞蜘蛛时，当它照例将一间被我用镊子偷走了卵和食物的蜂房封闭时，我便粗略地了解了它的智力状况。我对石蜂、大孔雀蛾的幼虫等许多昆虫进行类似的实验，它们都犯了同样的不合逻辑的错误。它们按照正常情况下的既定顺序完成一系列的筑巢行为，即使这些行为由于一次意外而变得毫无用处。昆虫就好似一台水磨的轮子，一旦发动，就无法中断自身的旋转，即使没有谷粒可磨，仍坚持完成一项无谓的工作。我们能把昆虫比作机器吗？这种愚蠢的看法我可不能苟同。

在相互抵触的事实形成的疏松流动的泥沙地上，简直寸步难行，每一步都有可能陷于各种阐释的泥沼之中。然而事实之声是如此响亮，我毫不犹豫地按照我的理解来解释表象。昆虫的心理中，有两个截然不同的范畴需要加以区别，一个是就本义而言的本能，即无意识的冲动，它引导昆虫筑出最绝妙的窝。在这方面，光靠经验和模仿绝对不可能做到这么好，是本能在强行施加不可变更的法则。就是这个本能，也只有本能才能促使雌虫为不认识的后代筑巢、储存食物；是本能引导昆虫将螯针刺入猎物的神经中枢，使猎物瘫痪，以便更好地储存食物；最后，本能还促使昆虫做出许多既不凭理智、远见，也不凭经验的行为，因为如果昆虫是凭判断力而行动，它的行为就应有理智、远见和经验参与其中。

本能从一开始就是完美的，否则昆虫就不可能传宗接代，时间既不会在本能中增加什么，也不会削减什么，对于某一特定的物种，它过去是什么样，现在和将来仍然是什么样，这也许是动物所有特征中最固定的特征。在实践的过程中，它丝毫不比胃的消化功能或心脏的脉动功能更自由、更自觉，运作的各阶段都预先注定，且必然环环相接，令人想到齿轮，一个轮子的转动会带动下一个轮子一起转。这就是动物机械性的一面，否则被实验者引入歧途的长腹蜂所犯的不合逻辑的错误就无法解释。第一次将乳头含在嘴里的小羊羔，在进行吮乳这门艰难的技艺时，是否是自由、自觉而精益求精的呢？在更为艰巨的筑巢艺术中，昆虫并不比羊羔更自由、自觉、精益求精。

但是，凭着昆虫本身并不知晓的刻板经验，纯粹的本能，如果只有本能，会使昆虫在外界恒常不断的冲突中手无寸铁。时空中没有哪两点是完全相同的，即使实质不变，次要的东西还是会改变，到处都会冒出出乎意料的事。面对一堆混杂在一起的意外事件，就必须有一个向导指引昆虫去寻找、接受、拒绝、选择，偏爱这个，忽略那个，利用机会中的有利因素。这种向导，昆虫当然拥有，甚至很明显就可以看出来，这就是昆虫心理的第二个范畴。在这个范畴里，昆虫凭着经验变得自觉而精益求精。我不敢将这种能力称为智慧，这种说法对昆虫来说似乎太高，因而我把它叫作鉴别力。昆虫的最高特性之一就是辨别事物，将一件事物与另一件区别开来，当然必然在它的技艺范围之内。

只要人们将纯粹本能和鉴别力相混淆，就会重新坠入无休止的讨论之中，使论战更激烈，却根本解决不了问题。昆虫对自己的所作所为有意识吗？或许有，或许又没有。如果它们的行为属于“本能”这一范畴，就没有意识包含在内；如果它们的行为属于“鉴别力"这一范畴,就有意识存在。昆虫的习性是可以改变的吗?如果习性的特征与本能相关就绝对不可以改变,如果是与鉴别力相关就可以。我举几个例子来说明这种根本性的区别。

长腹蜂用已经变软的泥土、用泥浆筑蜂房,这就是本能,就是这位劳动者亘古不变的特性。它一直这样筑巢,将来也是如此。几个世纪的时间永不会给它什么教训,物竞天择的道理也绝不会促使它去模仿石蜂,不会采集干燥的泥尘做成灰浆。它们的泥巢需要一个挡雨的屏障,因此,它首先需要在石头下找个小小的藏身所,但是,如果它能在人类居所里找到更好的地方,这位制陶工就会占有更好的地方,安身在人类的居所中,这就是鉴别力,精益求精的原动力。

长腹蜂用蜘蛛来喂养幼虫,这就是本能。气候、经纬度、时间的流逝、猎物的充足或匮乏,丝毫不会改变它的食谱,尽管幼虫对我提供的其他食物也很满意。它的祖祖辈辈都是吃蜘蛛长大的,继承者都食用类似的菜肴,将来的后代也不会尝试其他食物。无论其他情形多么有利,都绝不会使长腹蜂相信小蝗虫抵得上蜘蛛,更无法使这个家族乐意接受这种食物。本能将它们束缚在出生时的菜谱上。

但如果缺了长腹蜂最喜爱的圆网蛛,它就无法再为后代供应食物了吗?不,它还是会在粮仓里储满食物的,因为一切蜘蛛在它看来都是美味。这就是鉴别力,在某些情况下能够灵活地弥补本能中太呆板的层面。在无数纷繁复杂的野味中,这位猎手知道如何辨别蜘蛛目和非蜘蛛目,它总能为家人找到食物而不必做本能以外的事。

毛刺砂泥蜂只给自己的幼虫一只硕大的猎物幼虫作食物,它将螫针蜇在猎物的神经中枢处，使猎物瘫痪。它借以制服猛兽般的猎物的技能就是本能，其表现足以压倒一切将这种技能看作是后天习得的肤浅见解。如果这门技艺从一开始起就完美无缺，使后代可以一直继承下去，那么有利的时机、遗传性、气候的改变在其中有何作用呢？假如它今天以一条黄地老虎幼虫作食物，那么明天它可能会改吃另一条绿色、淡黄色或花花绿绿的幼虫。这就是鉴别力，它使昆虫能从变化不定的外表下，准确地辨认出合乎口味的猎物。

切叶蜂用薄薄的圆形叶片建造装蜜汁的羊皮袋；一些黄斑蜂往囊中填植物绒毛做毡子，另一些则以树脂塑蜂房，这就是本能。谁敢说那位裁叶工可能最初裁的是绒毛，或者从前某一天或将来某一天，这位绒絮工胆敢将丁香和玫瑰叶裁成小圆片，甚至说糅合树脂的黄斑蜂是从糅合黏土开始的？哪个富有冒险精神的人脑中会冒出这些古怪的念头来呢？谁敢做出这样的假设？每一种昆虫都不可征服地盘桓在自己的艺术之中。第一种有树叶，第二种有绒毛球，第三种则有树脂，它们从来没有，以后也绝不会彼此互换工作，这就是本能，使劳动者们保持各自的特色。昆虫的工作里没有革新，没有秘诀这个经验的果实，也没有技巧，使艺术逐步发展，从普通到优良，从优良到出色，现在的实践活动与过去的完全一样，将来的也不会有什么改变。

但是，即使劳动方式恒久不变，原材料还是可能会变化的。产绒毛的植物由于地域不同，品种也随之改变，切叶蜂会将某种植物的叶子切成一块块，而它们在不同地点会发现完全不同植物；提供树脂黏剂的树木有松树、柏树、刺柏、雪松、冷杉，这些树的外观都很不相同。昆虫在什么的引导下采集所需要的原料呢？我认为，一定是依靠鉴别力的指引。

关于确立昆虫心理中存在的基本区别，纯粹本能和鉴别力，我认为这些细节已经足够。如果将这两个范畴相互混淆，像人们常做的那样，就不再有互相理解的可能，所有的明晰之处都会消逝在无休止争论的疑云中。在筑巢技艺方面，我们就把昆虫看作是一位手工艺人吧，它生来就通晓一门基本原理永不改变的艺术，并给予这位无意识的手工艺人一点儿智力的微光，使它们得以在无关要旨但又不可避免的情况下理清矛盾；那么，我相信我们将会更接近在目前的知识水平下可能获得的真理。

研究过昆虫的本能，以及筑巢的正常进程被打乱而使本能出差错之后，我将探讨鉴别力在昆虫选择筑巢地点和材料时有何作用。没有必要再在长腹蜂身上花费更多时间，接下来我将以其他各种不同的昆虫为研究对象。

棚檐石蜂完全配得上我给它起的名字，我自认为有权根据习性为它命名。它们大量群居于仓库内，在瓦片内面筑起许多硕大的、会危及屋顶结实的蜂巢。除了这些代代相传并逐步扩建的巨型城堡，棚

1½

棚檐石蜂

檐石蜂的工作热情绝不挥洒在别处，别处也找不到更理想的空间来施展它的筑巢技艺，这里有广阔的空间、干燥的庇护所、适中的温度以及宁静的隐身处。

但瓦片下宽敞的空间不是所有棚檐石蜂都能得到的，自由敞开、光照充足的仓库比较少见，这样的好地方只会落到那些为命运所眷顾的虫儿身上。其他的虫儿将去何处安身呢？差不多到处都有，不用走出居所我就发现了它们筑巢的各种基地，有石头、木头、玻璃、金属、油漆及灰浆。我的暖房在美丽的夏季保持恒温，

而且强烈的光照抵得上旷野中的烈日，因而棚檐石蜂常常光顾这里。它们今年没忘记来此筑巢，几十只一群，有的在玻璃上，有的在暖房的钢筋构架上。有一小群则安顿在窗洞里、门口挑檐下以及白叶窗框边的墙缝里；还有一些也许生性忧郁，喜欢避开群体独自干活，有的待在锁眼里或平台上的排水铅管里，有的则在门、窗的线脚里或墙基的简单装饰里。总之，只要隐居处在户外，整幢屋子都会被利用，这些干劲十足的入侵者与长腹蜂正相反，从不进入人类的居所内。有的棚檐石蜂寄居在暖房里，不过是表面现象与事实不相符的特例；这座整个夏天都敞开的玻璃大厦，对石蜂而言，只是一间光线稍好一点儿的仓库。它们通常对封闭的房屋心存戒备，最多不过把巢筑在最外面一扇门的门槛上，占据门的门锁，这可是合石蜂口味的藏身处，深入屋内则是令它厌恶的冒险。

石蜂最终成了人类的免费房客，它筑巢的技艺则利用了人类建筑艺术的成果。它们没有其他的住处吗？它们有，这是毫无疑问的，它们拥有按照古法筑起的蜂巢。我见过石蜂在一块拳头般大、有树篱遮挡的石头上，有时甚至在一颗裸露的卵石上，筑造一些核桃般大小的蜂房群落，或是些无论体积、外形、牢固度，均可与同行高墙石蜂的巢相媲美的圆顶巢。

石块是最常见的，但并不是蜂巢唯一的支撑物。我收集了一些筑在树干上和粗糙的橡树皮凹坑里的蜂巢，只可惜里面的居民并不多。在所有以活的植物为支撑物的蜂巢中，我将提及两种非常引人注目的蜂巢，第一种筑在大腿那么粗的秘鲁仙人掌的沟纹内，第二种则附着在印度无花果这种仙人掌的扁茎上。这两种肥硕的植物，是否因狰狞的甲胄吸引了石蜂的注意力，它们身上一簇簇的刺，是否被用作蜂巢的防御体系呢？也许吧，但无论如何，这种尝试并没有效仿者，我再未见过如此的安家方法。我从这两个发现中得出了唯一确定的结果，尽管这两种植物构造古怪，在当地植物环境中独一无二，但并没有使石蜂在尝试时变得犹疑不决、畏畏缩缩。一只石蜂来到这些新鲜玩意儿前，占据了它们的沟纹和扁茎，就如在一个熟悉的地方那样，也许它是族类中第一个这么做的吧。而且它立刻就发现这两株来自"新世界"的肥硕植物，和本地树干一样适合它。

卵石石蜂在选择支撑物时没有丝毫灵活性。在我们地区，从干燥的高原上滚下来的石子，是它筑巢的唯一基石，除了极个别的例外。在气候稍微寒冷的地区，它更喜欢以墙为支撑物，保护蜂巢度过漫长的雪季。灌木石蜂则将它的泥巢固定在任意一种木本植物纤细的枝丫上，从百里香、岩蔷薇、欧石楠到橡树、榆树、松树，适合它筑巢的支撑物清单，几乎可以作为我们地区木本植物的一览表。

巢址的多样性有力地证明，昆虫是凭着鉴别力选择巢址的。与巢址多样性相应的蜂房结构多样性，使巢址的鉴别力变得更加显著，三叉壁蜂可以为证。由于它筑巢用的是极易被雨水侵蚀的泥土，因而它像长腹蜂一样需要替蜂房找一个干燥的隐居所，而且隐居所必须是完全现成的，只须稍微打扫一下就可以使用。

我发现三叉壁蜂选用作隐居所的，主要是石子堆底下的蜗牛壳和用以加固梯田的没有涂灰泥的石墙。除了利用蜗牛壳外，它还积极利用棚檐石蜂或一些条蜂，比如低鸣条蜂、黑条蜂、面具条蜂的旧巢。

三叉壁蜂还喜欢芦竹这种稀罕物，芦竹若在适当的时候出现，是极受三叉壁蜂欢迎的。其实，壁蜂对在禾本科植物壁上钻孔的艺术一窍不通，因而这种长着粗壮中空的圆柱形茎秆的植物，原本对三叉壁蜂没什么用处。茎秆的间节必须稍微裂开，壁蜂才能钻进去占据这根芦竹。另外，芦竹的横截面必须是水平的，否则雨水会使泥巢变软坍塌；这段芦竹还不能卧于地上，必须与潮湿的地面保持一定距离。除非人无心地介入和实验者有意做实验，否则壁蜂永远都找不到一段适合安家的芦竹。这是一个意外的收获，在人类想到将芦竹劈开，做成晒无花果的筛子之前，它的族类还不知道有这样的居所呢。

我们的枝剪是怎样使壁蜂抛弃了天然的居所呢？蜗牛壳内的螺旋形坡面是怎样被芦竹圆形的通道所取代的呢？从一种居所转换到另一种，是随着一代又一代壁蜂的不断衍生，从尝试到舍弃，从再尝试到对结果的进一步确认，逐步过渡的吗？或者，当发现某段芦竹适合它时，它就立刻入内安家而对古老的居所蜗牛壳不屑一顾吗？这些都曾是谜，但现在已解开。我现在就来谈谈谜是怎么解开的吧。

在塞里昂附近有大片粗石灰岩采石场，粗石灰岩是罗讷河谷中新世土壤的特色。人们很早以前就开始开采这里的粗石灰岩。奥朗日的古纪念碑，尤其是最近由知识界精英们上演索福克勒斯的《俄狄浦斯王》[1]的那家剧院气势宏大的正门，都大面积地使用了这片采石场的石料，其他证据也证实，这些精心雕琢的石材，原产地就是这片采石场。在阶梯形沟壑的碎石中，我不时地会发现一枚银质圆锥形的马赛奥波尔[2]，上面印有一只四辐条的车轮，还会发现一些刻

---

[1] 索福克勒斯（前496—前406）：古希腊三大悲剧诗人之一，著名的传世剧作有《俄狄浦斯王》等。——译注

[2] 马赛奥波尔：法国古钱币名。——译注

有奥古斯都大帝或迪贝尔①头像的铜币，古老的时光便随着我在一堆堆废料、碎石中翻翻拣拣而重现，俯拾皆是。各种膜翅目昆虫，尤其是三叉壁蜂，都在这片采石场上以蜗牛壳为隐居所。

采石场位于一片几近荒漠的大高原上，气候非常干燥，在这样的环境中，忠于出生地的壁蜂压根不会从石子堆迁往别处，离开蜗牛壳去远方寻找新居。自从那里有了一堆堆的碎石之后，除了蜗牛壳，它很可能就没有其他宿处。一切都说明，今天的壁蜂是古壁蜂的直系后代，它的先祖与采石工人生活在同一个时代，某个采石工人在那里落下了一枚迪贝尔阿斯②和一枚马赛奥波尔。所有的情况似乎都肯定，采石场壁蜂已深深扎根于使用蜗牛壳的艺术之中；由于祖传旧习，它压根不了解芦竹。那好，我就把它放到这个新居前吧。

冬天里我收集了二十多只蜂丁兴旺的蜗牛壳，放在实验室里安静的一隅，就像在研究昆虫性别分类时那样。我将一段段的芦竹装配起来，好似正面凿有40只洞眼的小蜂箱，再在五排芦竹的底下，放上内有壁蜂居住的蜗牛壳，并掺杂一些小石子，逼真地模拟自然环境。然后我还将各种空蜗牛壳清理干净，放进石子堆中，给壁蜂创造一个更舒适的居住环境。筑巢的时候到了，就在出生的屋子旁边，这些深居简出的小虫子将面临两种居所的选择：圆柱形芦竹，是这个族类从未经历过的新事物；蜗牛壳的螺旋形坡面，也就是祖先的老式宅邸。

蜂巢终于被精巧地筑好，壁蜂完美地回答了我刚才提出的一连串问题。绝大多数壁蜂，只将巢筑在芦竹里；另一些则仍忠实于蜗

---

① 奥古斯都（前63—14）：罗马帝国第一代皇帝，原名屋大维。迪贝尔（？—37）：继奥古斯都之后的古罗马皇帝。——译注

② 迪贝尔阿斯：古罗马货币、重量或度量单位。——译注

牛壳，或者将卵分别产在蜗牛壳和芦竹里。前者开创了圆柱形建筑之先例而摈弃了螺旋形建筑，而且无丝毫我所能觉察到的犹豫不决。在勘察过芦竹并确认可以使用后，壁蜂便入内安家，无须学习、摸索及秉承先人长期实践流传下来的经验教训，它一下子就成了建筑大师，在一个与螺旋形洞穴完全不同的平面上，笔直地筑起更为宽敞的蜂房。

几个世纪漫长的学习、逐步习得的经验以及遗传因素，这些对壁蜂的教化都毫无价值。它和它的祖先都不用经过见习期，就能一下子成为筑巢的行家里手，它生来就具备筑巢所需的能力。一些能力是不可改变的，属于本能的范畴，另一些则是灵活多变的，属于鉴别力范畴。用泥巴在一间免费客房中圈出几个小间，在小房间中央即将要产卵的地方，放置一堆掺和了几口蜂蜜的花粉，母亲们为过去从未见过、将来也见不着的子女准备粮食，最后将蜂房封闭，这大致就是壁蜂本能的一面。在这方面，一切都已事先和谐地安排好了，昆虫只要跟随其盲目的冲动便可以达到目标。如果偶然遇见的免费客房，无论在卫生条件、形状和容量上都是最多变的，只凭本能，昆虫既不会选择也不会组合，就会有危险。为了应付复杂的环境，壁蜂具备了小小的鉴别力，借此它便能区别干与湿、坚固与脆弱、隐蔽与暴露，还能判别它所遇到的隐居所是否有价值，并按照可支配空间的大小和形态分布蜂房。在这方面，技术上的轻微调整是不可避免且必要的；无须任何的学习，也不靠既得的习惯，昆虫就擅长此道。前面对采石场壁蜂所进行的实验就是明证。

壁蜂的智能尽管极其有限，但还是有些许灵活性的。它在某一时刻向我们展示的技术并不代表全部本领，它身上还具有某些潜能，是专为特定的时刻而预备的，这些潜能可能接连许多代壁蜂都用不着，但一旦情况需要，这些能量就突然爆发，逾越必要的尝试阶段，如同蕴藏在石子中的火花一样迸射出来，与先前的微光并不相干。一个人若只知道麻雀在屋檐下筑巢，会想到树梢上有麻雀筑的泥巢吗？一个人若只认识蜗牛壳里的壁蜂，会料到它竟把一段芦竹、一根纸管、一根玻璃管当作宅邸吗？我的近邻麻雀一昂头便从屋顶飞向法国梧桐；采石场壁蜂不屑再回到出生时的陋室蜗牛壳，却来到我创造的芦竹巢里。两者都表明，昆虫筑巢技艺的改变是多么突然与自发。

第六章 🪰 体力的节省

什么能刺激壁蜂运用它体内处于沉睡状态的潜能呢？筑巢技艺的变化有什么作用？不必太费周折，壁蜂就将吐露它的秘密。现在我来检查一下壁蜂筑在一个空心圆柱内的窝。它筑在一段芦竹等空心圆柱内的蜂巢结构，我已详细描绘过，在此我仅概述筑巢法的主要特征。

首先从尺寸上，芦竹分为三种：小号、中号和大号。我所谓的小号是指那些内径狭窄，刚好容许壁蜂在内不受拘束地忙于家务的芦竹，壁蜂在里边可以就地转身，把蜜汁吐在采集来的一堆花粉中间，然后再把肚子上的花粉刷下来。如果壁蜂在芦竹茎内无法进行这些工

壁蜂

作，如果为了摆一个有利于刷下花粉的姿势，壁蜂必须先飞出去再倒退着飞进来，它是不愿意选用这段芦竹的。中号的芦竹，尤其是大号的芦竹，给了这位食物供给者充分的行动自由；中号芦竹的内径不超过一间蜂房的宽度，大小与壁蜂的茧的体积相当；而大号芦竹的内径大得近乎夸张，因而在同一平面上需要筑好几个蜂房。

做了一番比较之后，壁蜂更喜欢选择在小号芦竹内定居，在这里筑巢非常简单，只须用泥巴将芦竹茎分隔成笔直的一条蜂房带。依靠挡在前一个蜂房前面的泥墙，壁蜂母亲先竖起一堆掺了蜜汁的花粉，当觉得食物已足够时，它便在这堆食物中间产一枚卵。然后，也只有在这时，它才重新开始干泥活，用泥巴隔出一间新的蜂

房。这堵泥墙当然是作为另一间蜂房的基础，壁蜂先在里面储存食物，然后将蜂房封口；它就这样继续下去，直至在芦竹茎内产下足够的卵，再用一个厚厚的塞子将出口封闭。总之，壁蜂只有在蜂房内储满食物后，才会往前筑泥墙，存放粮食和卵的工作是在封顶工作之前进行的。这就是最简单的筑巢法。

乍一看这些细节几乎不值得注意，在将蜂房封闭之前，难道不应当先填满它吗？可是以中号芦竹为家的壁蜂压根不这么想，其他的昆虫泥水工也同它意见一致，比如说我们以后要认识的筑巢蜾蠃。下面的事例将清楚地显示，壁蜂为应付特殊情况而预备的一种潜能，它可以及时运用，尽管有时与习惯做法相去甚远。如果芦竹内径并未超出织茧所需的空间太多，内壁却太宽敞，不能为壁蜂吐蜜和存放花粉颗粒提供支撑物，壁蜂会将工作的顺序完全颠倒，它先竖起泥墙，然后再往里装食物。

沿着芦竹的内径环绕一周，壁蜂开始筑一道环形泥墙，它不停地来来回回搬运泥浆，终于筑成了一道完整的隔墙。泥墙侧面有一个溜圆的小洞作为出口，刚好容许壁蜂通过。蜂房就这样被圈出来，几乎完全密闭。随后，壁蜂着手准备食物和产卵。它一会儿用前足，一会儿用后足，轮番攀住小洞的边沿，就这样支撑自身以便吐空蜜囊中的蜜，刷下肚子上的花粉；在做各种动作时，它只要花费较少的力气，就能以小洞的边沿作为支撑点。狭窄的芦竹茎则直接提供着力点，筑泥墙的活就被推迟，直到它储足了一堆食物并在上面产了卵之后。可是，目前的芦竹茎太宽，蜂儿在空荡荡的地方毫无成果地东奔西跑，因此储存粮食前，必须先筑起一堵带有粮食供给通道的泥墙。眼下的活花费比先前的工作要大一点儿：首先在材料方面，因为芦竹内径过粗；其次在时间方面，尽管那个小洞做得很精致，可是只要泥还没干就不够坚硬，无法使用。因此，吝惜时间与体力的壁蜂，只会在找不到小号芦竹时才选用中号芦竹。

只有在很严峻的情势下，壁蜂才会接受大号芦竹，至于是怎样的情势我也无法说清。也许是为产卵所迫，而附近又没有其他隐身处，它才会下定决心使用这些宽敞的居所。我的圆柱形蜂箱中，第一、第二类芦竹里居住的壁蜂和我期望的一样多，可第三类芦竹中最多有五六只壁蜂，尽管我很细心地用各种东西装饰这些芦竹。

壁蜂讨厌粗大的圆柱自有它的道理。的确，在粗大的芦竹茎内，筑巢的时间更长，耗费更大，只要检查在大号芦竹内筑起的蜂巢，我们就会相信。大号芦竹里面不是只由横向的泥墙相隔的一排蜂房，而是一堆蜂房混杂在一起，蜂房都是粗糙的多面体形，一个靠着一个，似乎想要层层叠加起来却没有成功，因为蜂房规则分布所要求的拱顶跨度，超出了建筑者活动能力所及的范围。建筑物的外形并不美观，从经济角度讲更不能令人满意。在先前的那些建筑中，芦竹内壁充作了大部分的围篱，壁蜂的工作仅限于构筑蜂房间的一道隔墙。在大号芦竹内，除了芦竹茎一圈可作现成的基础外，一切都要靠壁蜂来筑。地板、天花板、多边形墙壁，都是用泥浆筑成，所耗材料之多，几乎可与石蜂、长腹蜂的蜂房相比。

此外，由于蜂房外形不规则，构筑一定相当困难。壁蜂要使构筑中的蜂房的凸角与已建成的那些蜂房的凹角基本相吻合，它砌起的墙或多或少有点弯曲，有些水平，有些倾斜，各个蜂房的接合面变化不定，相互交叉，致使每个蜂房都必须重新设计，非常复杂，和那些有着平行的圆隔墙的建筑大不相同。另外，杂乱无章的秩序使先前筑巢因没精心计算而留下的空角落，决定了部分壁蜂性别的分布，因为不同角落宽敞度不同，泥墙圈出的空间体积时而较大，可做雌性的卧室，时而较小，可做雄性的卧室。因此，太宽敞的宅邸对壁蜂有两重不便：一是大大增加材料的耗费；二是使壁蜂把雄性卵产在最底层的雌性卵中间，由于雄卵孵化得较早，最佳位置应在出口附近。壁蜂之所以拒绝粗大的芦竹，只在迫不得已或没有其他选择时才接受，是因为它厌恶多出来的麻烦和雌雄卵可能会混杂。我对此深信不疑。

因此，蜗牛壳对壁蜂而言，只是个很一般的居所，如果碰到了一个更好的宅子，它会很乐意放弃蜗牛壳的。蜗牛壳内部逐渐增大，介于它最喜爱的小号芦竹和仅在缺乏其他筑巢材料时，才会采用的大号芦竹之间。蜗牛壳内的最初几圈由于太窄而没有被采用，中段的内径正好与排成一列的茧吻合，与一段极佳的芦竹差不多，螺旋形弧度丝毫不会改变壁蜂在直线上筑蜂房的习惯。在适当的距离外，它砌起环形隔墙，根据内径大小决定是否在墙上开个供给粮食的天窗。就这样，最初几间蜂房一个接着一个地成形，一律都是为雌性卵预留的。到了蜗牛壳的最后一圈，对一排蜂房来说显得太宽敞，于是正如在一节很粗的芦竹茎内一样，过量的建材耗费、蜂房杂乱无章地堆砌在一起，以及雌雄卵的混合又重演。

说过这种壁蜂后，我再回过来看看采石场壁蜂。为什么当我将一些蜗牛壳和一些大小合适的芦竹同时放在它们面前时，蜗牛壳中的老居民挑中了后者？它们的族类很可能从未使用过芦竹呀！大部分壁蜂都鄙视祖先的洞穴，满怀热情地采用我提供的芦竹。当然有几只壁蜂依然住在蜗牛壳里，有的还回到出生的故居，对遗产稍做修补后继续使用。我自忖，壁蜂对极少使用的圆柱体的普遍喜爱从何而来呢？回答只有一个：面对两种可供使用的宅子，壁蜂选择了花最少的气力就可以做成安乐窝的居所。它修缮旧巢是为了节省气力，它用芦竹代替蜗牛壳也是为了节省气力。

昆虫的筑巢技艺是否如同我们的一样，都服从于力求节俭的法则？是否这个至高无上的法则控制着我们的工业机器，就如同它控制着宇宙这台大机器一般？所有事实似乎都肯定，那么，我将对此做更进一步的探讨。我以其他勤劳的昆虫为例，尤其是那些工具更齐备，更适合于艰苦劳动的昆虫，它们勇敢地向工作中的各种困难发起挑战，对陌生的建筑物则不屑一顾。石蜂就是其中的一种。

卵石石蜂只有在找不到尚未毁坏的旧巢时，才会下决心建一个崭新的穹顶巢。雌石蜂们彼此看起来像姐妹，都是老屋的合法继承人，却为了房产而大打出手。根据弱肉强食的法则，较量中第一只取胜的雌石蜂占据了旧巢，它盘踞在穹顶上，久久地监视着巢内其他石蜂的一举一动，还不停地摩擦双翅，如果有哪个家伙胆敢靠近，它就立刻狠狠地撞击来犯者把它赶走。旧巢只要还没有破烂得不可居住，就会代代沿用下去。

棚檐石蜂不像卵石石蜂般眼红祖先留下的遗产，它们热衷于利用自己出生时的蜂房。我家屋檐下那座巨大的城市里的工作就是从那里开始的，旧居的一部分被宽厚的主人让给了拉氏壁蜂和三叉壁蜂，其余的首先被清洁，扫除灰泥残片，然后储备食物、封口。当所有可利用的蜂房都被占据时，它们又开始筑起一层新的蜂房，覆盖在旧蜂巢之上，于是蜂巢年复一年地越积越大。

灌木石蜂的小球状蜂巢不比核桃大多少，它曾让我犹疑不定。它是否利用旧巢呢？旧巢是否永远都弃置不用呢？现在，令人疑惑的问题有了明确的答案，灌木石蜂会很好地利用旧巢。有好几次，我看见一只灌木石蜂将家人安顿在一个蜂巢的空蜂房里，可能它自己就是在那里出生的。灌木石蜂也与同行卵石石蜂一样，会返回出生的旧巢，并为占有旧巢而和其他石蜂厮斗。还有一点它也和那位穿顶艺术家相同，它也喜欢独来独往，渴望独自开发微薄的遗产。然而，有时候由于蜂巢体积庞大，可以容纳许多居民，于是它们和平相处，各人打扫门前雪，就如棚檐石蜂巨大的蜂巢一样。如果蜂群并不庞大，但假如蜂巢在两三年内代代相传，并不断有新蜂房增建上去，通常核桃大小的蜂窝，就会变成有两只拳头那么大的圆炮弹。我在一棵松树上采到一个灌木石蜂的蜂巢，足有一公斤重，体积相当于一个孩子的脑袋，却支撑在一根比麦秸略粗的枝丫上。偶尔瞥见这样一个庞然大物就在我歇足处上方摇摇晃晃，法罗的不幸遭遇闪过我的脑际，如果树上满是这样的蜂窝，那么想在树荫下乘凉的人就得冒被痛蜇一顿的危险。

继泥水匠之后，我来谈谈木匠。在所有与木头打交道的昆虫中，最强壮的要数木蜂。它块头粗壮，身着黑色丝绒装，双翅发紫，外表看上去令人心惊肉跳。雌木蜂会在枯木中钻出一个圆柱形的洞穴给幼虫居住。抛在户外很久的

-1⅕

木蜂

废托梁，支撑葡萄架的木柱，农家门前一大堆已经干枯的燃料，树根，树干，各种粗大的树枝，都是木蜂喜爱的场所。它独自固执地干活，在废料中一点儿一点儿地钻出些有拇指粗细的圆形坑道，干净利索得好像是用木钻钻出来的一样。地上积了一堆木屑，就是它艰苦劳动的见证。通常从同一入口可进入两三条平行的坑道，如果坑道数量增多，坑道长度就缩减，可以容纳所有的卵；而且可以避免羽化期长坑道造成的麻烦；已羽化并急着往外钻的成虫，以及迟迟未孵化的卵，就不会那么彼此碍手碍脚。

有了容身之处后，木蜂就开始像以芦竹为家的壁蜂一样忙碌起来。它在蜂房内堆满食物，产下一枚卵，然后用木屑将蜂房门口堵住。它这样不停地工作，直到蜂房内的两三条坑道都产满了卵。积累粮食及筑起隔墙，在木蜂的工作步骤中是不可更动的，任何情形都无法使雌木蜂脱卸肩负的责任，它必须亲自供给家人食物，必须用蜂房将它的幼虫们隔离开来饲育。尽管钻坑道是整个工作中最艰巨的部分，但只有这样才能借助有利时机达到节俭的目的。那么，无论这位强壮的木匠怎样不担心疲劳会压垮它，它是否会利用那些有利时机呢？它是否会使用那些并非它亲自钻出来的居所呢？

它会的，它和各种石蜂一样中意现成的蜂巢，它也和石蜂一样知道完好无损的旧巢有哪些经济实惠之处；它尽可能地安居在上一代住过的坑道里，但是，搬进去之前先要将坑道内壁刮擦一番算是清扫，它甚至很乐意接受那些从未被其他木蜂钻过的居所。混杂在板条中间支撑葡萄架的粗芦竹，被木蜂欣喜万分地视作意外收获，因为粗芦竹向它无偿提供了豪华坑道。在这些芦竹里，无须再钻孔，或者工作量会大大减小。若木蜂在芦竹上凿个孔，便可以占据两个竹节间的空穴；但它并没有这样做，它更喜欢人们用小枝剪在芦竹一端截出的开口。如果紧邻的竹节离得太近，使蜂巢不够长，木蜂会把竹节摧毁。这活很轻松，压根不像从侧面钻进矽石般硬的芦竹那么难。木蜂就这样花最小的力气，在狭小的前厅之后，又得到了一条宽敞的坑道，这是小枝剪的杰作。

1⅗

刺胫蜂

受到葡萄架上所发生的事情的启发，我好客地欢迎黑木蜂飞进我的芦竹蜂箱。试探了几次之后，它就接受了我的好意；每年春天我都见它姗姗飞进我的芦竹蜂箱，选择最好的芦竹安身立命。由于我的介入，它的工作量被减小到了最低限度，它所要做的仅仅只是筑起隔墙。筑墙的材料是刮擦竹茎内壁得来的。

继木蜂之后，我再谈谈刺胫蜂，它们同样也是出色的木匠。我们地区有两种刺胫蜂，一种是角刺胫蜂，另一种是金灼刺胫蜂。哪一种错误的分类使人们把专干木活的刺胫蜂称作石匠呢？我曾碰见过角刺胫蜂在马厩的圆门券上一根粗壮的橡木上钻孔；金灼刺胫蜂则更为常见，个头比角刺胫蜂小，我经常看到它在枯木或桑树、樱桃、杏树、杨树中安家。它所筑的巢与木蜂的一模一样，只是体积缩小了，从同一入口可以进入三四条紧紧聚在一起的平行坑道；坑道又被用木屑筑起的隔墙分隔成一间间蜂房。与大块头木蜂相仿，金灼刺胫蜂也知道抓住机会，避开钻孔这个艰辛的工作，它将茧织在旧蜂房中的频率，与织在新蜂房中的一样高，它也倾向于利用上一代的旧巢以节省体力。如果哪一天有了足够数量的刺胫蜂，我会大胆对它们进行芦竹实验，我相信它们一定会采用芦竹。关于角刺胫蜂，我没什么可说的，因为我只偶然看见过一次正忙着干木活的它。

寄居在峭壁上的条蜂证实，所有掘土昆虫都具有节俭的倾向。黑条蜂、面具条蜂和低鸣条蜂，这三种条蜂都在峭壁上掘出通向蜂房的狭长过道，到处散布着蜂房。这些供给食物的通道一年四季都敞

1½

黑条蜂

开，只要旧巢能在被太阳烤熟的黏土中保存下来，当春天到来时，新生的条蜂就可以使用它们，如果需要，新生条蜂会将通道延长，并分出更多的支路。当旧巢由于迷宫的增加而变得像一块巨大的海

绵时，就会因不够牢固而十分危险。只有在这种情况下，条蜂才会下决心在新的泥层中钻通道。椭圆形蜂窝、朝向过道的蜂房都被利用了，条蜂将最近一次成虫出巢时损坏的入口修缮，在内壁刷上一层新的石灰浆使内壁光滑；不需要再做其他工作，蜂房就可以用于储存蜂蜜和产卵。当旧蜂房都被占据，或是数量不够，或是部分地被各种入侵者占领时，条蜂只得将坑道延长，钻出新蜂房以便安顿其余的卵。条蜂就这样花最小的力气为蜂群筑好了巢。

现在，我换一个动物门类来结束这些粗略的概述；既然已谈过麻雀，我就来请教一下它的筑巢本领吧。麻雀最初的鸟巢架在几根树枝间，是用麦秸、枯叶和羽毛筑成的大圆球。这个雀巢虽然费材料，但当没有墙洞或瓦片作庇护时却是可行的。是什么原因促使它放弃圆球状的鸟巢呢？壁蜂放弃需要耗费更多黏土和体力的螺旋形蜗牛壳，选择经济实惠的芦竹，从表面上看，麻雀的选择正是基于促使壁蜂这么做的相同的理由。以墙上的洞为家可以免去麻雀一大半的工作，它不再需要能挡雨的穹顶和能御风的厚壁，仅一块垫子就足够；墙上的洞窟能够提供所需的其余条件。节省下的精力和物力是非常可观的，和壁蜂一样，麻雀是不会对此无动于衷的。

然而，这并不意味着原始艺术已绝迹，已被忘得一干二净；作为种族不可磨灭的特征，一旦情势需要，它会即刻显现出来。今天的一窝窝雏鸟和过去的一样，具备这种艺术天赋，不用学习，不用模仿，它们生来就有祖先们筑巢的本领。这种本领就潜藏在它们体内，紧急情况能激发这种潜能，它会突然从无为状态进入活动状态。那一对离开屋顶飞去梧桐树上筑巢的麻雀可以为证。因而，虽然麻雀仍时不时地筑些球形鸟巢，但这并非像有些人声称的是麻雀的进步，相反是种退步，是重拾以繁重劳动为代价的旧习俗。麻雀这么做，与壁蜂由于缺少芦竹而只得凑合着住在蜗牛壳里没什么两样。尽管在蜗牛壳内筑巢更艰难，但蜗牛壳却是随处可见的。以芦竹和墙洞为家，这才是进步；以蜗牛螺旋形内壳和球状鸟巢为家，这叫作原始。

我想，我从这些相似的事实中得出的结论，证据已经足够。动物的筑巢技艺体现出这样一个倾向：花最小的气力完成必要的工作。昆虫以它们自己的方式，向我们证实了节省体力的倾向。一方面，本能要求昆虫必须保持筑巢技艺的基本特征；另一方面，在具体细节问题上昆虫有一定的行动自由，以便利用有利时机以最少的时间、物力和精力达到目的。时间、物力、精力，这三点其实是机械的三要素。至于家蜜蜂解决的高等几何学问题，只是"力求节俭"这一统治着整个动物界的普遍法则中，一个了不起的特例。用最少的蜡圈出容积最大的蜂房，外加令人叫绝的技艺，可与壁蜂用最少的泥浆在芦竹茎内筑出的蜂巢相提并论。泥工与蜡工都服从同一倾向：节俭。它们知道自己在干什么吗？谁敢针对蜜蜂提出这一点，被先验问题纠缠不休呢？其他昆虫，由于技艺太粗糙，所知也不多，它们不会计算，不会思索，只是盲目地遵从普遍和谐的法则。

第七章 🐝 切叶蜂

昆虫选择筑巢地点时，会在一定程度上屈从于突然出现的意外情况；但这么做并不够，种族的繁荣兴旺还需要本性呆板的昆虫无法满足的另一个条件。比如燕雀，它在雀巢的最外边一层使用了大量地衣。先将厚厚一层苔藓、细麦秸和植物根须放在一个结实的模子里，然后再铺上薄薄一层羽毛、羊毛及绒毛掺和成的垫子，这就是燕雀用来加固雀巢时的常用方法。但如果恰好缺少地衣，燕雀会不会放弃筑巢呢？它会不会因为没有通常筑窝所需的材料，而置雏鸟的幸福于不顾呢？

不会，这么点小问题是难不倒燕雀的；它对材料很在行，知道哪些植物可以替代地衣。如果缺少狭长条扁枝，它会采集松萝长长的藤须、梅花的圆花饰、被一小片一小片撕下来的牛皮叶的薄膜；如果找不到更好的材料，它就凑合着用石蕊属植物的一簇簇荆棘。当某一种材料在附近很罕见或没有时，这位讲求实际的地衣专家，会勉为其难地选择其他在外形、颜色、硬度方面都与之相差很大的材料。如果缺少地衣，我相信燕雀有足够的能力懂得放弃，而选用某种粗糙的苔藓来筑巢。

这位地衣工告诉我们的，正是其他与纺织原料打交道的鸟儿一再向我们讲述的。每一种鸟都有自己偏爱的植物，只要采摘不遇到困难，偏爱就基本上不会改变；并且当偏爱的植物缺少时，还有其他许多类似的植物可做补充。与鸟儿有关的植物学是很值得研究的，为每种鸟儿列出筑巢所用的植物一览表，是一件很有趣的工作。在此我只引述此类研究的一个特征，以免离题太远。

欧洲剥皮伯劳是我们地区最常见的一种伯劳，以对绞架、对灌木丛荆棘的残酷爱好而著名。它将大块大块的野味，如刚长羽毛的雏鸟、小蜥蜴、螽斯、幼虫、金龟子吊在绞架上、荆棘上，听任它们慢慢发臭变质。它对绞架的这种癖好，至少我周围的乡村人并不知道。除此之外，它还有另一种癖好，那就是对植物天真无邪的迷恋；这种迷恋是如此强烈，每个人——连掏鸟窝的黄口小儿都知道。尽管它的窝体积庞大，但除了一种毛茸茸的浅灰色植物外，它几乎不用其他材料。在收获的庄稼堆里可以找到很多这种植物，也就是植物学家所谓的地匙菌属絮菊；另外还有一种植物用途也相同，但不常见，叫作日耳曼絮菊。普罗旺斯方言称这两种植物为伯劳的草，这一俗名有力地说明，这鸟儿对它的植物有多么忠实。一定是伯劳在选择材料上少有的专一，给农民们——这些极平常的观察者留下了深刻印象。

我们所面对的真是一种排他性的品位吗？根本不是。尽管平原上满是絮菊属植物，但在干燥的丘陵地带就稀少难觅了；而且，伯劳不会飞去很远的地方寻觅，它只在栖息的树或灌木丛附近寻找适合筑窝的草。干燥的土地上长着许多薇柏草，叶子细小有绒毛，花朵一小簇一小簇的类似泥丸，与絮菊长得很像。但这种草叶子很短，不利于编织倒也是真的。另一种长绒毛的植物属野生不凋花，伯劳把它长长的细枝横七竖八地铺在巢里，一个鸟巢就成形了。在最喜爱的植物匮乏时，伯劳就是这样应付的；无须越出同一植物科系，它就能在所有长着绒毛的细枝中，找到类似絮菊的植物。

伯劳甚至会采摘一点儿菊科以外的各种植物，下面是我在它的窝中采集到的植物一览表。伯劳筑巢所用的材料大致可分为两类：

绒毛植物和无毛植物。绒毛植物为比斯开①旋花属植物、并蒂莲、普通芦苇属的茎梢花球；无毛植物包括蓝苜蓿属植物、三叶草、草原香豌豆、荠菜、外地蚕豆、小孢子菌、草原早熟禾。绒毛植物如比斯开旋花属儿乎布满了整个鸟窝；无毛植物如蓝苜蓿属植物则构成鸟窝的骨架，用于支撑一堆软塌塌的小孢子菌。

要把我收集到的植物，制成一份完整的伯劳筑巢所用植物一览表，还早得很；但在收集过程中，一个意外的细节触动了我。我发现各种植物的茎梢上都有含苞未放的花蕾；另外，所有的细枝，尽管是干的，却仍然保持着鲜活的绿色，表明植物曾经阳光快速晒干。除了个别例外，伯劳一般不会捡拾久经风霜而枯黄变质的碎叶片；它用喙割下鲜草，放在阳光下晒干，待褪色之后再使用。有一天我撞见它正蹦蹦跳跳地用喙啄啄一株比斯开旋花的细枝，它割下草料，然后摊在地上。

伯劳的例子以及我应当援引的所有织工、篾匠、伐木工型鸟儿的例子，都证明，在选择筑巢材料时，鉴别力起了多么重要的作用。昆虫是不是像鸟儿这么有天赋呢？如果它也以植物为筑巢材料，那么它是否只选用一种植物呢？除了特定的植物外，它是否对其他植物一无所知呢？还是恰恰相反，为了筑巢，它可以在众多不同植物中凭着鉴别力自由选择呢？对于这些问题，切叶能手切叶蜂能出色地给予回答。雷沃米尔翔实地记述了切叶蜂筑巢的过程；我在此处删除了某些细节，有兴趣了解细节的读者，请参阅雷沃米尔教授的《回忆录》。

常去自家花园里看看的人，也许有一天会在丁香树叶和玫瑰树

---

① 比斯开：西班牙的一个省。——译注

叶上发现奇怪的切割痕迹，有些呈圆形，有些呈椭圆形，仿佛是闲极无聊时，巧手握剪轻轻剪出的花饰。有的地方，整棵小灌木的树叶几乎只剩叶脉，叶片都被一小圆块一小圆块地割走了。是切叶蜂，一只身体呈淡灰色的小蜜蜂裁出了这些花边。它以大颚作剪刀，以旋转的身体作圆规，凭着目测一会儿画出椭圆，一会儿画出圆圈。它把裁下的叶片缝成方形骰子状的羊皮袋，用来盛掺了蜜汁的花粉和卵；最大的椭圆形叶片用作羊皮袋的底和内壁，最小的圆形叶片则专用作盖子。每一只羊皮袋都大体相同，头尾相接，排成一列；各排的羊皮袋数量不等，有的甚至超过12个，但一般都不到12个。这就是切叶蜂的劳动成果。

我从雌切叶蜂所筑的蜂巢中抽出一段圆柱形蜂房群，它看上去是一个不可分的整体，仿佛一条在地下掘出的巷道，一个垫了树叶地毯的管道。然而，事实与表面现象并不相符，稍微用力一捏，圆柱就碎成几段。这些相同的截段都是彼此相邻而又独立的蜂房，有着各自的底部与顶盖。蜂房的自动分裂使我得以了解了切叶蜂的筑巢过程。它的筑巢法与其他蜂儿的方法基本一致，不是先用叶子筑一个共用的大房子，再砌起一堵堵横隔墙把大房子划分成一个个蜂房，而是筑完一个蜂房再筑下一个，把一个个蜂房串起来。

对于筑成的蜂房，还必须用一个匣子把它们固定在原位，并使其适度弯曲；切叶蜂最初织出的叶片袋子缺乏稳定性，匣子的作用是将一片片树叶固定在一起，一旦没有了它的支撑，这许多只是并排放置而没有胶着在一起的树叶就会滑落。当幼虫织茧时，它会在叶片的缝隙间滴些许丝液，把叶片尤其是充作蜂房内壁的叶片粘起来，于是起初软塌塌的羊皮袋变成了坚硬的匣子，叶片再不会散开了。

保护性匣子同时可做装配羊皮袋的模子，但它并非雌切叶蜂的作品。像大部分壁蜂一样[1]，切叶蜂不懂得直接给自己造一间居室的艺术，只得借宿在其他昆虫的巢里，而且是各种各样的昆虫的巢。条蜂遗弃的坑道，大蚯蚓在地里钻出的狭长巷道，神天牛幼虫在木头里钻出的洞，卵石石蜂的陋室，三叉壁蜂在蜗牛壳里的旧巢，偶然碰见的一段段芦竹，墙上的缝隙，都是切叶蜂会使用的居所，它们根据自己种类特有的品位选择某种巢。

为了使论述更精确，我将结束泛泛之谈，专门来研究一种切叶蜂。我首先选择白带切叶蜂，倒不是因为它有什么特别之处，而仅仅因为，在我的笔记中有关这种蜂儿的记录涉及面最广。它通常的居室是蚯蚓在黏

白带切叶蜂

土质斜坡上钻出的狭长坑道，无论竖直还是倾斜，坑道都深不见底，切叶蜂在其中会觉得环境太潮湿；此外，当成虫羽化后，从地底深处往上穿越一堆堆的坍塌物爬出坑道十分危险，因此，切叶蜂一般只使用坑道的上半部，最多两分米深。狭长坑道剩下的部分有什么用呢？沿着坑道可以往上爬，可以很好地应付敌人的进攻；可是，地底下的破坏者也可以沿着通道从后面袭击那一串蜂房，将整个蜂巢摧毁。

切叶蜂早就预料到了危险，在筑第一只装蜜汁的羊皮袋之前，就用只有切叶蜂家族才使用的材料，筑起一道坚固的屏障将通道堵塞。树叶碎片被草草地堆在一起，但由于量足够多而构成了牢固的屏障。在这个树叶堆成的壁垒中，常常可以发现几十片卷成圆锥状的叶片，一个挨着一个好像一堆蛋卷。在这个防御工事中，做工细

————————————

[1] 见卷三第十七章。——校注

致似乎没有什么用处，至少大部分叶片都不规则。显然，这些叶片是切叶蜂匆忙、胡乱地裁剪出来，并没有参照筑巢用的树叶模型。

屏障的另一个细节引起了我的注意，切叶蜂选用作屏障的叶片都很肥硕、脉序粗大、毛茸茸的。我在其中辨认出了以下几种：葡萄藤的嫩叶，色泽浅淡，布满了绒毛；开红花的岩蔷薇叶，两面都长着毛毡似的绒毛；毛又长又密的圣栎的嫩叶；光滑但坚硬的英国山楂树叶；大芦竹的叶，据我所知它是切叶蜂所使用的唯一一种单子叶植物。相反，在筑巢材料中，我发现光滑的叶子占大多数，主要是野玫瑰花树和普通槐树的叶子。切叶蜂似乎能将两种材料区别开来，但在选材时不会过于严格地拒绝混淆。边缘呈锯齿状的叶片，突齿被用力一掰就会脱落，一般充作屏障的基础；普通杨槐的小叶片叶面细腻，边缘整齐，更适合于修筑蜂房。

要在蚯蚓钻出的坑道里筑巢，就得先在蜂巢后部筑一道壁垒，这是合理的预防措施，在这一点上，切叶蜂是完全值得称赞的；只是，尽管切叶蜂因此而声名显赫，但这堵防御性屏障有时却什么都抵御不了，未免令人气恼。这从另一角度体现了本能中的反常，我在前一章已举过一些例子。我曾记录过这样几条坑道：叶片一直塞到了坑道口，与地面齐平，坑道里却根本没有蜂房，甚至连个粗坯都没有。这是些荒唐的防御工事，毫无用处；然而切叶蜂远非马马虎虎地将工程草草收场，而是无比勤勉地继续无谓的工作。我从一条坑道中取出了100来片排成一堆蛋卷状的叶子，从另一条里取出了150片；若要保护一个产满了卵的蜂巢，24片甚至更少的叶子就足够。那么，这位切叶者大量地堆积叶片，究竟是为了什么呢？

我很愿意这么想，由于相信居所存在隐患，它便堆积大量树叶，希望壁垒的厚度足以抵抗危险。然后，当可以开始筑巢时，它却失踪了，也许是被一阵北风吹走了，也许是在一场灾祸中丧生了。但是，切叶蜂的筑巢大事不可能依赖这种防御方式，因为那几条坑道内的壁垒一直堆到与地面齐平，连放一枚卵的空间都不再有，绝对不再有。我思忖，这位固执的卷叶卷者到底有什么目的呢？它是否真有目的呢？

我不假思索地回答"否"。我的否定回答，是以我对壁蜂的观察为据的。我曾在别处叙述过三叉壁蜂在生命即将终结，卵巢也已枯竭时，如何把剩下的一点儿气力耗费在无谓的工程上。它生来就非常勤劳，退隐生活的清闲令它如背重负；作为消遣，它需要找点活干。由于没什么更好的事情可做，它就开始砌隔墙；把一根管道分隔成许多将一直空置的蜂房，最后它用厚厚的塞子将一些内部空空如也的芦竹茎口封住。这位迟暮老者就是如此将最后一点儿精力，耗费在无用的工事上。其他会筑巢的蜂儿也有类似的行为，我见过一些黄斑蜂不惜花费气力做很多棉球，去塞住它从未产过卵的坑道；我还见过一些石蜂按部就班地筑巢、封蜂房，可它既不会在蜂房里囤积食物，更不会在里面产卵。

因而，切叶蜂堆起的厚而无用的壁垒，是它产卵终结后的劳动成果。雌切叶蜂在卵巢枯竭后仍不懈地工作，它本能地切割、堆积叶片，甚至当工作最重要的目的都已不存在时，它仍听从本能的驱使不停地割啊堆啊。卵虽然没有了，但气力尚存，它仍像刚开始时为了保卫家族而不得不做的那样竭尽全力。当行动的目的丧失时，行为的齿轮仍在运转，而且似乎是按既有的速度持续运转。上哪里去找比这更鲜明的证据，证明昆虫具有受本能激发的无意识行为呢？

我们再回过头来看看切叶蜂在正常情况下的筑巢技艺。筑起防御性屏障后，它立刻着手砌一排排蜂房，各排蜂房数量相差很大，就如壁蜂砌在芦竹内的一样，一排砌12间蜂房的情形很少见，最常见的是5～6间。每间蜂房所用叶片数量相差也很大。叶片分为两种：一些是椭圆形的，用于构筑盛蜜汁的巢；另一些是圆形的，用作盖子。我数了一下，第一种叶子平均有8～10片。尽管这些叶子都被裁成椭圆形，但大小并不相等，按大小可分为两种。蜂房外壁的叶片较大，每一片都几乎覆盖了外壁的三分之一，且彼此略为重叠，叶片下端弯折成凹曲形构成羊皮袋的底部；蜂房内壁的叶片明显小许多，用以加厚内壁并填满大叶片留下的空隙。

那么，这位与树叶打交道的女裁缝，一定知道根据不同的工作改变裁剪方式。它首先用大叶片使蜂房迅速成形，但会留下缝隙，然后用小叶片弥补缺隙。蜂房的底部特别需要修缮，仅靠大叶片构成的凹曲面，不足以构成一个滴水不漏的盅形蜂房，切叶蜂必然会在不严密的接合处放置两三片椭圆形叶子，使蜂房更完美。

叶片剪裁大小不一还带来了另一好处：最长的三四片叶子被最先贴在蜂房外壁上，超出了蜂房口；接下来贴的叶片都较短，缩在后面，形成一道凸边，如同门窗的半槽边；切叶蜂把许多小圆叶片压扁成凹面封盖，盖在凸边上，不会触及蜜汁。封口的围边仅由一排叶片组成，壁身则有两三排叶片，这样就缩小了蜂房的内径，使蜂房具有密封性。

蜂房口的盖子一律用圆形叶片，叶片大体相同，数量时多时少；有时我只数到两片，有时竟发现叶片多达10张，紧紧地叠在一起。有时叶片的直径精确得几乎分毫不差，小圆叶片的边缘恰好搭在槽边上，借助圆规进行的切割也不过如此；有时叶片的边缘略微超出封口，为了将边缘纳入封口内，就得用力将它弯曲成小盅状。直径最精确的是最先放置、最接近蜜汁的小圆叶片，它好像一只扁平的活塞，既不会占用蜂房空间，以后也不会像凹角穹顶的天花板那样妨碍幼虫。接下来放置的小圆叶片，直径都稍大而且数量很多，只有被用力压成凹面才适合封口。这种凹面似乎是切叶蜂刻意追求的结果，因为它可以充作下一间蜂房曲底的模子。

在一列列蜂房筑成之后，切叶蜂还必须用一道防御性篱笆把坑道入口堵住，就像壁蜂用泥塞封住芦竹一样。于是切叶蜂重新开始切割叶片，却没有什么确定的模式可依，就如刚开始在深不见底的蚯蚓洞里，给蜂巢底部筑防御工事一般；它裁出一堆形状、大小各异，毫不规则，边缘常常有天然锯齿的叶片；叶片中没有几张大小与待封堵的蜂房口相等，但依靠这一层又一层的叶片，它终于做成了一道难以入侵的围墙。

就让切叶蜂继续在别的坑道里产卵吧，那些坑道将同样会布满卵，我们暂且驻足看一看它的裁剪技艺。它的巢由大量叶片筑成，叶片可分为三类：构成蜂房壁身的椭圆形叶片，用作封盖的圆形叶片，用作前后屏障的不规则叶片。要得到第三种叶片毫不困难，从一片叶子上扯下一块，就有了一块边缘呈齿形的裂叶片，裂叶片上的缺口有助于减少工作量，更有利于剪裁。直到这一步，还没什么值得注意的，这只是件粗活，连不懂行的生手都可以做得很好。

关于椭圆形叶片，问题就有所不同，是什么指引切叶蜂把做羊皮袋的精美料子，普通杨槐的小叶，裁剪成美丽的椭圆形呢？是什么理想的模型指引着它的剪子？它按照什么度量裁定叶片大小？有人会想当然地认为切叶蜂是一支活圆规，能依靠身体的自然弯曲描出椭圆形曲线，就像我们以肩为轴心挥舞手臂画出圆圈一样。一种盲目的机械装置，纯属机械运作的结果，是唯一与几何学相关的因素。若不是在大张椭圆形叶片中，夹杂有用来填补壁身空隙的椭圆形小叶片，我也许会相信这种解释。一支能根据环境自动改变半径和弯曲度的圆规，我认为，是一种很值得怀疑的机械，应该有更好的解释，封盖的圆形叶片将告诉我们。

如果切叶蜂单凭身体构造特有的弯曲度切出椭圆形叶片，那么，它是怎么切出圆形叶片的？这新的轮廓线在形状和大小上都与椭圆如此不同，我们是否要假定这台机器还有其他的齿轮？然而，难题的症结不在这里。圆形叶片大多数都与蜂房口吻合，精确度极高。蜂房完工后，切叶蜂飞到百步开外的地方制作封盖。它飞到一片叶子上准备切割圆形小叶片，可对于它将封盖的那只坛子有什么印象，还想得起多少呢？丝毫没有，它从未见过那只坛子；它是在地底下，在一片漆黑中工作，至多能靠触摸对蜂房的情况有所了解，但因为坛子不在那里，了解当然不是现实的，而是过去的，对一件作品的精确性毫无助益。

切割的小圆叶片应该有一个确定的直径。若是太大，就不能放进蜂巢口；若是太窄，就封不住蜂房，很可能直坠到蜂蜜上把卵闷死。在没有模型的情况下，如何确定小圆叶片的尺寸呢？切叶蜂毫不犹豫，就像它迅速地扯下一片不规则的、适于做隔墙的裂叶片一样，它同样敏捷地割出了一张圆形叶片，这叶片无须再加工就与坛口尺寸相符。对于这个几何学奇迹，大家可以见仁见智；我认为，即使假定切叶蜂凭着触觉和视觉对蜂房有了印象，也无法解释这一问题。

一个冬天的傍晚，炉火正旺，气氛很适合围炉夜话，于是我向家人谈起了切叶蜂的问题。"你们知道，在厨房有一只日常用的坛子没了盖子；这是猫干的坏事，它在架子上窜来窜去，把盖子碰下来摔成了碎片。明天是赶集日，你们有谁将去奥朗日买日用品，走之前他可以先去检查那只坛子，记住坛口大小，但不要测量，仅凭记忆的帮助，你们谁能从城里带回来一只不大也不小，刚好封住坛口的盖子吗？"大家异口同声地说，不带尺寸没人能买回一只这样的盖子，至少也得带一段与坛口直径一般长的麦秸。我们不能够准确地记住尺寸大小，也许会从城里带回一只大小差不多的盖子；如果买到一只大小正好合适的，那可运气太好了。

其实，切叶蜂比我们还差得远呢。它的脑袋中并没有蜂房的形象，既然它从未见过它的蜂房，那它就不必在商贩的货堆里挑挑拣拣，我们这么做是因为选择比较可以帮助我们回忆。在远离居所的地方，切叶蜂一下子就切出一片与坛口一般大的小圆叶片，这对我们来说不可能的事，在它则如同游戏。在这场游戏中，尺、麦秸、模具、数据记录，对我们都是必不可少的，而这只小小的切叶蜂却什么都不需要。在料理家务方面，它的本领比我们高。

有人向我提出异议，难道在灌木丛上干活时，切叶蜂不会裁下一片面积比坛口略大的圆形叶片，然后带着叶片飞回蜂房，把多余部分一点点切掉，直到盖子像坛口一样大小吗？照着模型进行修改似乎可以解释一切，但切叶蜂真的会进行修改吗？首先，一旦一张叶片被割下来后，切叶蜂还会回过头来再对它进行一番切割吗？我就不大认同，因为当它再度将小小的叶片精确地削成圆形时，它缺少一个支撑物。当裁缝想裁一件衣服时，却没有桌子用来摊衣料，他一定会把衣料给剪坏。在一张没有支撑物的叶片上，切叶蜂是难以运用剪刀的，它裁出的叶片也会很差劲。

另外，要否定它回到蜂房后会对叶片进行修改，除了操作困难这条理由外，我还有更好的证据。蜂房的封盖是由一堆有时多达十几片的小圆叶片筑成的。我们知道，树叶背面颜色较浅，脉序粗壮，而正面则很光滑，颜色更绿。封盖上所有的小圆叶片都是背面朝下、正面朝上，说明切叶蜂是照着树叶被采来时的姿势放置它们的。我再解释一下，切叶蜂切割叶片时是停在叶子的正面，割下一片后，切叶蜂便用足将它抱住，于是在切叶蜂起飞时，叶子的正面就贴着它的胸口，在路上切叶蜂根本不可能把它翻个面。这样，叶片被采摘时是什么样，被放下时仍是那样，背面朝向蜂房里边，正面则朝向蜂房外边。如果为了将封盖的直径减缩到与坛口直径一样，而必须对叶片进行修剪，就不可避免地要将叶片翻面；叶片被搬运、抬起、翻转，在这个方向上切一下，在那个方向上削一下；而一旦最后定位，就会因操作的偶然性而反面或正面朝内。然而，这情形从未出现过，叶片堆放的次序并没有变化，显然，切叶蜂一开始就剪出了大小合适的小圆叶片。在实用几何学方面，切叶蜂胜过了我们。我将切叶蜂筑出的蜂房与封盖，看作是又一个从机械作用上无法解释的本能奇迹；这难题就留待科学家们去思索吧，我还是接着往下讲。

柔丝切叶蜂在条蜂的旧坑道里筑巢，不过我知道它还有另一种更优雅、更适于安身的居所，就是神天牛在橡树上的旧巢。神天牛在一间垫了莫列顿绒呢的大蜂房里完成变态，老熟后，长着长角的鞘翅目昆虫破

1½

柔丝切叶蜂

木而出，沿着幼虫事先用坚固的工具凿出来的前厅飞出巢外。如果这间隐居所由于位置较高而一直很干净，没有散发皮革味的棕色液体渗出，那么这间被天牛弃置的洞穴，立即就会有柔丝切叶蜂前来拜访。它觉得这里是切叶蜂所有居所中最豪华的，具备一切舒适安逸的条件：绝对的安全，几乎不变的温度，干燥的环境，宽敞的空间。无论哪位幸运的母亲拥有了这样一套居室，不管是前厅还是卧

室，都会充分利用。它所有的卵都有地方可放；至少我从未见过其他蜂巢中的卵像此处一样密集。

我发现了一个有17间蜂房的蜂巢，据我统计，这是切叶蜂家族蜂房数的最高纪录。大部分蜂房都筑在天牛蛹的卧房里，由于宽敞的巢对于一排蜂房显得过大，所以蜂房被排成三列平行线；前厅的则排成一排，最后再砌上一道壁垒。柔丝切叶蜂所使用的材料，以英国山楂树叶和铜钱树叶为主。无论是蜂房的叶片还是隔墙的叶片都不规则，山楂树叶边缘呈尖利锯齿状，不宜用于裁剪美丽的椭圆形叶片。似乎只要切下来的叶片大小合适，形状如何它便不太在意；而且它也不太讲究不同种叶片的衔接顺序，几片铜钱树叶之后是几片葡萄藤叶、山楂树叶，之后又接着几片荆棘叶、铜钱树叶。叶片的采摘并无条理，凭着变化无常的口味，切叶蜂会到处采集叶片。然而，铜钱树叶还是采集得最多的，也许是出于节省体力的缘故吧。

我注意到，这种灌木的树叶并非被切成一块一块地使用，只要大小适当就会被整张利用。树叶呈椭圆形，面积不大，正合切叶蜂的心意。这些优点使切叶蜂不必再去切割叶片，它一剪子把叶柄截断，不需再做什么，就带着一片绝妙的叶子扬扬自得地飞走了。

我将两间蜂房拆散后，数了数总共有83张叶片，其中18张最小的为圆形，原是用作封盖的。照这样计算，蜂巢里的17间蜂房里就有740张叶片，这还不是全部；要在天牛辟出的前厅里筑起一道厚厚的壁垒，整个蜂巢才算竣工，而在这道壁垒中我数到了350张叶片；因此叶片总数达到1064张。把神天牛的旧居装饰一新要飞多少次，剪多少刀啊！若不是了解切叶蜂孤僻、小心翼翼的性格，我也许会将这一浩大的工程，归功于好几只雌蜂的通力协作呢；然而，切叶蜂从不集体聚在一起劳动。一只勇敢的切叶蜂，仅仅一只，孤独而执着地工作，就足以采集令人不可思议的一大堆叶片。如果劳动是它轻松度过一生的最好方式，那么在它生存的几个星期中，它的生命一定不曾经历过烦恼。

我很愿意赠予它最好的颂歌，这是辛勤的劳动者应得的；我还要颂扬它封闭蜜坛的本领。叠成封盖的叶片是圆形的，与构成蜂房及最后屏障的叶片毫不相同。也许，除了最初几片接近蜂蜜的叶片，其余的叶片柔丝切叶蜂裁得略显含糊，不如白带切叶蜂那么精细；但没关系，多达十几张的叶片重重叠叠，足以把羊皮袋口塞得密密实实。在切割叶片时，蜂儿就像照着压在衣料上的模子裁剪衣料的女工一样，对自己的技术充满自信。然而它裁剪时既没有模型，眼前也没有待封的坛口。在这个话题上再铺展开去就太啰唆，所有切叶蜂在封坛口方面，本领都一样大。

材料方面的问题，不像几何学问题那么令人匪夷所思。是否每种切叶蜂只使用一种植物，还是有一定的植物区系，可以从中自由选择呢？我前面所述已经预示了第二种假设，而且我已对蜂房一间间地研究过了。清点蜂房所用叶片的数量，证实了这种假设；同时也使我发现切叶蜂在叶片选用上的多样性，这是我起先没有预料到的。

以下是我家附近的切叶蜂所用植物的一览表，毫无疑问，这份一览表还相当不完整，有很多地方需要靠以后的观察来扩充。

柔丝切叶蜂，在下列植物上采集叶片筑羊皮袋、封盖和壁垒：铜钱树、英国山楂树、葡萄藤、野玫瑰树、荆棘、圣栎、唐棣属植物、笃耨香、鼠尾草叶、岩蔷薇。前三种植物提供了大部分筑巢所用的叶子，最后三种只有零星几片。

　　兔脚切叶蜂，我总见它在荒石园里忙得团团转，但只是为了采集叶片。它最喜欢采丁香树叶和玫瑰树叶，我见它时不时地也采点刺槐树叶、榅桲树叶、樱桃树叶。在农村，我还曾偶然发现它只用葡萄藤叶筑巢。

　　银色切叶蜂，我的又一位客人，和兔脚切叶蜂一样喜爱丁香树和玫瑰树；但它采摘的树叶还有石榴树叶、荆棘叶、葡萄藤叶、红色欧亚山茱萸树叶和雄性欧亚山茱萸树叶。

　　白带切叶蜂，它钟情于普通刺槐，同时也大量使用葡萄藤叶、玫瑰树叶、山楂树叶，有时还适度使用芦竹、开花的岩蔷薇。

　　斑点切叶蜂，它以卵石石蜂的穹顶房、壁蜂破旧的巢和黄斑蜂筑在蜗牛壳内的隐蔽所为居所，除了野玫瑰树叶和山楂树叶外，我还不曾见过它采集其他树叶。

斑点切叶蜂

　　尽管这份植物一览表很不完整，但至少告诉我们，切叶蜂对植物的喜好并非专一排他的，每一种切叶蜂都能接纳好几种外观极不相同的植物。切叶蜂采摘的灌木必须满足的第一个条件是靠近蜂巢，为了节省时间，切叶蜂拒绝远行。事实上，每次我发现一个切叶蜂筑的新巢时，立刻就能在附近毫不费力地找到被切叶蜂割走了叶片的树或灌木。

　　另一个重要条件是叶片质地必须柔软、细腻，尤其是用作封盖的最初几张叶片，以及充作羊皮袋内壁的所有叶片。其余的叶片，由于制作不那么精细，质地可以粗糙一些。另外，叶片必须有韧性，易于卷曲成与坑道相符的圆柱体。岩蔷薇的叶子既厚又凹凸不平，难以满足这一条件，因此这种叶子被用于筑巢的量极少。或许切叶蜂一不留神采了几片岩蔷薇叶，一旦发现并不适用，便停止光顾这种毫无用处的灌木。完全成熟的圣栎叶子更加坚硬，它从来不用；柔丝切叶蜂只趁圣栎还幼小时采摘嫩叶，且不会使用太多。葡萄藤的叶子如丝绒一般，是上好的材料。我也曾看见兔脚切叶蜂在丁香树丛中充满热情地采集叶片，丁香树丛中混杂着各种不同的灌木，叶片宽大而光滑，似乎应该很称这位健硕的切叶者的心意。这些灌木包括柴胡属植物、金银花、针尾类假叶树属、黄杨等。为什么柴胡和忍冬提供不了这么棒的小圆叶片呢？只要切断黄杨叶柄就有了一张现成的好叶片，就像柔丝切叶蜂与它的铜钱树一样。偏爱丁香树的切叶蜂对柴胡和忍冬不屑一顾，是出于什么动机呢？我猜是它觉得这些叶子太坚硬。如果没有丁香树，切叶蜂是否会对这些植物另眼相看呢？也许吧。

最后，撇开柔软与近距离这两个条件，切叶蜂选择植物时起决定作用的，我认为就只有灌木的覆盖率。这样就可以解释切叶蜂为何大量使用葡萄叶，因为葡萄是人们普遍种植的植物；而山楂树和野玫瑰树遍布树篱，随处可见，因而各种切叶蜂也都使用它们，但也不会因地域不同而轻视许多不同种类而效用相同的植物。

我们受到教导，由于隔代遗传的作用，前代的个体习性被代代相传，并逐渐固定下来。如果人们所说是真的，那么我们地区的切叶蜂经过几世纪的教育就成了本地植物区系的专家，而在它们种族第一次遇见的植物面前则完完全全是个新手，因而一定会将陌生的树叶视作罕见的可疑物而拒绝接受，尤其当这种植物旁边有它们世代沿用、非常熟悉的叶子时。这个问题值得特别研究。

两个研究对象，兔脚切叶蜂和银色切叶蜂，是荒石园中的常客，它们给了我有关这个问题的明确答案。我知道这两位切叶者常去哪些地方，在它们的作坊——玫瑰树丛和丁香树丛中，我种了两种奇怪的植物。我觉得这两种植物质地柔软，能满足切叶蜂要求的条件，它们是原产日本的女贞树和来自北美洲的维吉尼假龙头花。此后发生的事证明，我的选择是正确的。那两种切叶蜂在陌生的植物上采起叶片来，和在本地植物上一样兢兢业业，它们从丁香树飞到女贞树，从玫瑰树飞到假龙头花，离开这个又飞向那个，对熟悉的与陌生的并不加以辨别。如果单凭根深蒂固的习惯，它们在下剪时根本不可能如此准确、如此得心应手，它们可是第一次与这种质地的叶片打交道呀。

由于自愿在我的芦竹蜂箱内筑巢，银色切叶蜂可以接受更具结论性的实验，在一定程度上，我可以自行决定为它创造什么样的植物景致。我把芦竹蜂箱移至荒石园中的迷迭香丛中，迷迭香的叶子薄薄的，并不适于筑巢，我便在蜂箱旁放了几株盆栽的异国植物。这些植物主要是墨西哥总状花序罗皮菜和印度一年生植物长辣椒。就近便能找到筑巢的材料，这位切叶者就不会去更远处寻觅。罗皮菜尤其合它的意，整个蜂窝几乎都用这种植物，只有少部分是采自长辣椒。

我原本没准备对第三种切叶蜂进行研究，可它却自动送上门来，它就是愚笨切叶蜂。二十多年以前，整个7月间，我都能看见它把带有色纹的天竺葵的花瓣，切割成圆形和椭圆形。它的勤劳却毁了我俭朴的窗台，一朵花儿刚绽放，这位干劲十足的切叶者就飞来把花瓣剪成月牙形。它对颜色并不在意，无论红色、玫瑰色或白色，所有花瓣都得悲惨地挨上几剪刀。那时我抓了几只做成标本，如今它们成了我盒中弥足珍贵的老纪念物，算是对劫掠花儿的一种补偿吧。我后来再未见过这令人头痛的切叶蜂。现在没有了天竺葵花，它用什么筑巢呢？我不知道。然而，这位纤巧的女裁缝，一直都在裁剪一种新近从开普敦买来的异国花儿，好像它的整个种族从未裁过别的花儿似的。

综上所述得出的结论，恰好与昆虫筑巢技艺的固定性最初强加于我们的想法相反。为了筑羊皮袋，每种切叶蜂都会根据自己种类特有的品位选择某种植物，但不会排斥其他植物；它们并没有确定不变的、完全隔代遗传下来的植物区系，而是因地制宜，根据周围的植被情况来采集叶片。即使是同一间蜂房，各个层面所用的叶片也有所不同。对它们来说什么都好，无论异国他乡的还是土著的，无论是特别的还是平常的，只要切出的叶片合用就行。灌木的枝丫纤维，有时攒成一团，叶片则或大或小，或绿或淡灰，或晦暗或亮泽，指引切叶蜂的并不是灌木的外表，也不是它渊博的植物学知识。在被切叶蜂选为切割车间的矮树丛中，它只看见一样东西：适宜筑巢的叶片。伯劳对有着毛茸茸细长枝条的植物十分着迷，当它找不到偏爱的絮菊时，会寻找其他类似的绒毛植物；切叶蜂的资源更广，它对植物本身并不感兴趣，只关心叶子。如果叶片大小正好，质地干燥不会发霉，且柔软性好易于卷曲成圆柱体，它就十分满足，别无所求。因此，它采摘的植物范围几乎无法确定。

这些事先并无诱因的突变，是令人深思的，那些曾在我家窗台上劫掠天竺葵花的无耻家伙，是怎么学会这本领的？天竺葵的花瓣有的纯白，有的鲜红，色彩极不调和，可它却丝毫不受其影响。没有任何迹象显示，它在采集来自开普敦的植物方面是个新手，即使它的祖先的确曾使用过这种花；可是，那种天竺葵是最近才进口的，习惯还没来得及在它身上根深蒂固呢。还有银色切叶蜂，我为它创造了一处异国树林，它又是在哪里认识我栽种的异国植物的呢？它肯定也是刚认识这种植物，因为我们村里从未有过这种畏寒的灌木——这种温室里的植物，然而它却动手了，并且一下子就成了切割这种陌生树叶的艺术大师。

人们经常告诉我们，本能是通过长期学习逐渐获得的，才能是几个世纪辛勤劳动的成果。然而，切叶蜂显示的却恰恰相反，它们告诉我，尽管筑巢技艺的精髓一成不变，但它们能够在细节上进行创新；同时它们还证实，创新是突然的而非渐进的，既没有事先的酝酿，也没有事后的改进与传递，否则在林林总总的树叶中，切叶蜂早就做好了选择，既然认定某种灌木是最适用的，那么，这种灌木就该提供筑巢所需的全部材料，尤其当这种灌木遍地都是时。假使筑巢工艺上的创新能力可以遗传，那么一只壮着胆子在石榴树叶上裁剪小圆叶片，并发现裁出的叶片很好用的切叶蜂，就该激起它的后代对类似材料的喜爱，那么，今天我们就会发现一些忠于石榴树的切叶者、在原材料选择方面专一排他的劳动者。然而，事实否定了这些论说。

人们还说："让昆虫在筑巢方面的技艺产生一点儿变化吧，无论变化多么微小；它会愈演愈烈，最终导致一个新的种族和物种。"这个微变论是阿基米德①宣称能撬起世界的杠杆体系的支点。切叶蜂就向我们展现了如此一种微变和一些巨变：所用材料的不确定。以此为支点，那些理论杠杆能撬起什么呢？什么都撬不起。无论它们裁剪的是天竺葵精致的花瓣，还是丁香树硬邦邦的叶子，切叶蜂现在、将来都与过去一样。这就是每一种切叶蜂在筑巢细节上的恒定性向我们证明的，尽管它采集的叶子多种多样。

---

① 阿基米德（前287—前212）：古希腊数学家、发明家，理论力学的创始人。——校注

第八章 黄斑蜂

昆虫在筑巢材料选择上有一定的自由，除了切叶蜂，以植物绒毛为原料进行加工的黄斑蜂，也能提供证明。我们地区有五种黄斑蜂：佛罗伦萨黄斑蜂、冠冕黄斑蜂、偃毛黄斑蜂、色带黄斑蜂、肩衣黄斑蜂。它们会在隐居所里铺上植物绒毛织成的毡子，但没有一种黄斑蜂会自建一所住宅。像壁蜂和切叶蜂一样，它们居无定所，放荡不羁，各自随意地捡拾其他昆虫的劳动成果作为蔽身之所。

肩衣黄斑蜂钟情于髓质枯竭的荆条、被各种会钻孔的蜜蜂营造成了一条孔道的干荆条。在那些会钻孔的蜜蜂中，芦蜂列于榜首，尽管它是蜂中"侏儒"，但可与木蜂匹敌，是一位强有力的枯木钻探者。面具条蜂宽敞的通道很适合佛罗伦萨黄斑蜂，论身材它可是黄斑蜂中的老大。如果冠冕黄斑蜂继承了毛足条蜂的前厅或者简陋的蚯蚓洞，它就自认为满足了。若是找不到更好的居所，它有时会住进卵石石蜂破败不堪的穹顶屋内。肩衣黄斑蜂与它趣味相投。

肩衣黄斑蜂

我曾无意中发现一只色带黄斑蜂与一只泥蜂同居一屋，一主一客，共居在一个沙地孔穴里，倒也和平共处，相安无事。色带黄斑蜂通常隐居在残垣断壁的缝隙深处，除了这些属于他人劳动成果的隐居所外，还有深受各种绒毛收集者及壁蜂喜爱的切成一段段的芦竹。此外，再加上一些最出人意料的隐庐，比如一块类似匣子的空心砖、迷宫似的门锁，这样我就有了一份较完整的黄斑蜂居所目录。

继壁蜂和切叶蜂之后，我第三次发现黄斑蜂也对现成的大宅有不可遏止的需求，没有一只黄斑蜂是自食其力的。我们能找出其中的原委吗？我们还是先来看看几位勤勤恳恳的筑巢者吧。

条蜂在被阳光烤得坚硬的岩屑中挖出坑道和蜂巢。它所做的不是装饰，而是挖掘；也不是清理，而是清扫。它用大颚使劲地挖掘，一粒沙子一粒沙子地掘，终于完成了一项浩大的工程，挖出了输送食物的小道和产卵必需的蜂房；然后它得将坑道及蜂房过于粗糙的内壁磨光并粉饰灰泥。经过漫长的劳动，居所终于落成了。如果要条蜂接着往里面填棉絮，采集绒毛植物的绒毛做成毡子，垫在可以盛蜜汁花粉团的囊中，会发生什么呢？要制造出这么多的奢侈品，光靠条蜂的骁勇是不够的。挖掘工作既费时又费力，使它再没有闲情逸致去精心装饰家居，因而蜂房和坑道是赤裸着的。

木蜂也给了我相同的回答。当它用干木活的曲柄钻，在橡子上耐心地钻出一个一拃①深的小孔时，它还有能力像柔丝切叶蜂那样，把叶子切割成千百张碎片来给自己的蜂巢铺上垫子吗？不，它缺少时间。就像切叶蜂，若是没有找到天牛的寝室，就得自己在橡树上钻个窝，它同样没有足够的时间这么做。因此，木蜂在经过了艰苦的钻孔劳动之后，仅用木屑将孔道简单地分隔成几个蜂房，草草安顿家人。

筑巢的艰苦劳动与装饰家居的艺术化工作，似乎无法并肩而行。昆虫就像人类一样，建造房屋的不会去装饰它，装饰房屋的并

---

① 一拃：张开手掌后，拇指和中指（或小指）两端的距离。——校注

非是建造房屋的。由于缺少时间，大家只得分工合作。分工是一切艺术之母，使劳动者能出色地完成自己的任务；如果要一个劳动者完成整个工程，那么他必定会停留在粗糙的试验阶段。动物的工艺与人类相似，只有依靠许多默默无闻，而自己尚未意识到在创造杰作的劳动者的协作，艺术才能至臻至善。我看不出还有其他什么理由能说明，对于切叶蜂的叶篓和黄斑蜂的棉囊，一个现成的居所是必要的。如果其他昆虫艺术家在干精细活时必须有一个庇护所，我会毫不犹豫地向它们提供一个完全现成的居所。雷沃米尔曾谈起织毯蜂，一种用虞美人的花瓣筑巢的蜜蜂。我不认识这种切花瓣的蜜蜂，我从未见过

2

织毯蜂

它；但它的艺术足以告诉我，它必须在其他昆虫比如蚯蚓挖出的坑道里安身。

　　只要观察一下黄斑蜂的窝，你就会深信，它的建造者不可能同时是一位执着的挖土者。它刚铺上棉毡但尚未涂蜜汁的棉囊，最能体现昆虫筑巢艺术的优雅，尤其是棉花无比雪白莹亮；色带黄斑蜂加工出的棉花通常都是这样的。在所有值得欣赏的鸟巢之中，没有哪一种在绒毛的精细度、外形的优雅和毡子的精致上，能与这令人叹为观止的棉囊相提并论，就连我们灵巧的双手借助工具也难以逼真再现。这蜂儿所用的工具与揉泥团的泥匠和编树叶的篓匠没什么两样，那么，它是如何将一小团一小团运至巢中的绒毛做成一块十分均匀的毡子，然后将毡子鞣成针箍形的蜜囊的呢？对这个问题，我不想再深究。鞣毡大师的工具，是足与大颚，与拌灰浆的蜂儿、切叶片的蜂儿一样。尽管它们所用的工具相同，但得到的结果却多么不同啊！

　　要亲眼观察黄斑蜂筑巢，似乎极为不易，它们活动在肉眼无法窥见的隐蔽处，要让它在光天化日之下工作，又非我力所能及。有一个办法，我当然已经使用过了，可至今未见任何成效。冠冕黄斑蜂、偃毛黄斑蜂及佛罗伦萨黄斑蜂，尤其是冠冕黄斑蜂，相当乐意住在我的芦竹蜂箱内，我只须用玻璃管替代芦竹茎就可以观察黄斑蜂干活，而不会打扰它们。这方法对观察三叉壁蜂和拉氏壁蜂非常有效，正是借助那透明的居所，我才窥见了它们日常生活中的所有小秘密。为什么用玻璃管观察黄斑蜂就不起作用，观察切叶蜂也失效了呢？我一直盼望能够成功，然而事与愿违。蜂箱中的玻璃管装了四年，鞣棉毡的黄斑蜂和切叶蜂却从不屑于选择在玻璃宫殿中筑巢，一次都没有，它们似乎更喜欢芦竹做的小茅屋。我会不会迫使它们按我的意愿去做呢？我没有放弃尝试。

　　我先说说这期间我的点滴见闻吧。当黄斑蜂在芦竹中筑起了或多或少几间蜂房后，便用一团厚厚的、通常比蜜囊绒絮更毛糙的绒毛球将出口堵塞。绒毛球就相当于三叉壁蜂的泥垒、拉氏壁蜂嚼料的碎叶团、切叶蜂切碎的叶片。所有这些不付房租的房客，都会仔细地将深宅的大门严严实实地关住，而它们通常使用的只是屋子的一部分。壁垒的建筑过程从外部几乎就可以观察到，我只须耐心地等候好时机。

　　黄斑蜂终于到了，带来了修筑围墙的绒毛球。它用前足把绒毛球撕碎、展平，然后大颚不断地一翕一张，翕时往绒毛球里戳，张时往外抽，使那一团团绒毛变得非常柔软，最后再用前额将一层新的绒毛毡鞣到前一层上。接着黄斑蜂飞走了，一会儿又带着一团绒毛飞回来，重复刚才的步骤，直到绒絮壁垒与出口齐平。我们可别忽略这一点，尽管现在黄斑蜂所干的活十分粗糙，根本比不上制棉囊的细致程度，却可以让我们了解这位艺术家筑巢的大致过程。它用足梳理绒毛，用大颚将其细分，再用前额压紧，令人赞叹的棉囊就在这些工具的作用下成形了。这就是大致的筑巢过程，但如何了解其中的艺术性呢？

我们暂且将这个疑问放在一边，先来看看可以观察到的事实。我的观察对象主要是冠冕黄斑蜂，它是蜂箱里的常客。我打开一段约2分米长、直径为12毫米的芦竹。芦竹下部被一列由10个蜂房组成的棉囊占据，从表面看蜂房间没有任何分界，好像一根连续的圆柱体。各个蜂房都被紧密地黏合在一起，一个粘连着另一个，如果拉扯圆柱体一端，棉花建筑虽未散架，但一间蜂房却整个给扯了下来。看上去一个圆柱好像只有一间蜂房，实际上它是由一系列蜂房组成的，除了位于最底端的蜂房，每一间都是单独建造的，与上一间彼此独立。

如果不剖开黄斑蜂软软的充满了蜜汁的蜂房，我就无法看出蜂房的层数；再不然就得等到结茧以后，那时我可以通过点数封盖绒絮形成的结节得出蜂房数。这种普遍的结构很容易解释，黄斑蜂以芦竹茎为模具，在一只棉囊内铺上绒毛毡。如果没有芦竹茎来规范棉囊的形状，黄斑蜂照样能塑出一个同样优美的顶针形棉囊，在墙壁及地面的缝隙间筑巢的色带黄斑蜂可以做证。棉囊筑好之后，黄斑蜂要往里储存食物和产卵，接着是封闭蜂房，黄斑蜂所用的封盖与切叶蜂的几何形封盖不同。切叶蜂用一堆小圆叶片嵌在出口，黄斑蜂拿一块绒絮蒙住棉囊口，绒絮的边缘被黏合在出口边沿上。蜜囊和封盖粘连得如此紧密，两者合二为一，难以分辨。一间蜂房完工后，黄斑蜂紧接着在上面修筑第二间蜂房。这间蜂房有自己独立的地板，黄斑蜂精心地将它黏合在前一间蜂房的天花板之上，两层蜂房就这样黏合起来。所有蜂房都被紧密地黏合在一起，形成了一个连续的圆柱体，彼此独立的棉囊的雅致消失不见了。切叶蜂差不多也是这样将蜂房叠成一列粘在一起，从表面也看不出蜂房间的层次界限，只是黏合得不那么紧密罢了。

现在我们回到那段向我们提供了这些细节的芦竹下部，在那里排了一排10只茧的圆柱体，还留有一段5厘米多长的空间。壁蜂和切叶蜂都习惯将这些长长的前厅空置，黄斑蜂却在芦竹口塞上一大团比筑蜂房的绒絮更粗糙且不那么洁白的绒絮，这样整个蜂巢就大功告成了。相比之下，用于封盖的材料在细腻度上略为逊色，但在牢固度上却又高出一筹。

不同的部分所用的材料并不雷同，我经常可以发现昆虫在选材上的这一特点。因此，我认为，昆虫懂得辨别何种材料更适合用作幼虫柔软的吊床，何种材料更适合作为保护蜂房的壁垒。有时它们做出的选择非常明智，比如冠冕黄斑蜂。尽管蜂房是由从矢车菊上采来的质量最好的白绒毛筑成，入口的栅栏却只是一堆从弯弯曲曲的毒鱼草上采来的星形绒毛，淡黄的颜色与蜂巢的其余部分很不协调。两种绒毛的不同作用极其明显。为了呵护幼虫细嫩的肌肤，必须有一只柔软的摇篮，因而雌蜂收集的都是绒毛植物上最好的莫列顿呢。与那种用羊毛装饰内巢、用小块木柴加固外巢的鸟儿相比，它并不逊色；蜂儿将耐心采集到的、数量稀少但极为精细的棉絮专门给幼虫作垫子；而为了封锁门户，它则在门口布满蒺藜及硬树枝上的星形须毛，将敌人拦在门外。

这精妙的防御工事不是黄斑蜂唯一的防御系统，肩衣黄斑蜂的疑心更重，它不会在芦竹前端留一点儿空隙。在一列蜂房筑成后，它立刻就在空置的前厅里堆上一大堆杂七杂八的碎屑，都是它从蜂窝附近随意捡来的沙砾、小土块、木屑、泥粒、柏果、碎叶、蜗牛的干粪便，以及其他它可能找到的砾石。一堆真正的壁垒塞满了芦竹，仅留下离芦竹口两厘米左右的空隙，剩下的空间是留给最后一团棉塞的。当然，敌人是无法逾越那双重壁垒侵入巢中的，但它会绕开障碍。褶翅小蜂会飞来，将长长的探针戳进芦竹茎上难以觉察的裂缝，然后往里输入它那可怕的卵，最终把城堡里的居民全部歼灭，一个不留。肩衣黄斑蜂处心积虑修筑起的防御工事就这样被瓦解了。

如果切叶蜂尚未提供让人观察的机会，那么在此我要特别指出一点：当昆虫的卵巢明显耗竭时，它仍将继续消耗自己的能量，不为产卵，只为劳动的快乐而筑一些无用的巢，有绒毛塞子但里面什么都没有的芦竹并不少见，还有些芦竹中有一两间既无食物亦无卵的蜂房。采摘绒毛做成棉毡、堆成壁垒的本能总是非常强烈，它促使昆虫坚持不懈地工作，直至生命终结，尽管可能毫无结果。蜥蜴尾巴折断后仍在摇动，一会儿蜷曲一会儿伸直。我从这些生理反射动作中所窥见的，固然不足以说明什么，却也能大体勾勒出昆虫坚韧、勤勉的形象。它们一直都在为自己的艺术而辛苦劳动，甚至当不再有什么事可做时。对于勤劳的昆虫来说，只有一种休息，那就是死亡。

关于冠冕黄斑蜂的居所，我已谈得够多，现在我们来看看其中的居民和粮食吧。蜜汁呈淡黄色，色泽均匀，为半流质体，非常浓稠，不会透过不防水的棉囊向外渗漏。卵就浮游在食物的表面，头扎入花粉团中。追踪幼虫的成长过程也不乏益趣，主要因为它的巢是我见过的最奇特的巢之一。为此我准备了几间便于观察的蜂房，我用剪刀将棉囊侧翼截去一部分，使食物和蚕食者都暴露出来，然后把这间已被剥开的蜂房安放在一根短短的玻璃管中。最初几天一切都平淡无奇，那条可怜的小虫子总是将头泡在蜜汁里大口大口地吮吸，渐渐地长大。终于有一天……在研究幼虫的卫生习惯之前，我们还是先看看史表层的现象吧。

一切幼虫，无论哪一种，若靠母亲堆在狭窄的巢中的食物来喂养，都得遵从一些卫生条件；这些条件是游荡的幼虫所不知的，它觉得哪里好就去哪里，能找到什么就吃什么。无论隐居者还是流浪者，都不能完全吸收食物，多少会产生一点儿污秽残渣。流浪者对自己的污秽之物毫不在意，总是随处排泄粪便，排除麻烦。然而，在塞满了食物的小屋里，幼虫将如何处置食物废渣呢？可憎的混合似乎不可避免，我们想象一下那饮蜜汁的幼虫浮游在流质食物之上，时不时地往里排泄粪便将食物玷污吧，它的臀部只要稍微一动，所有东西就会搅和在一起；对于娇嫩的婴儿来说，这是多么粗劣的菜肴啊！不，不可能，这些挑剔的美食家一定有方法解决这可怖的问题。

其实，每一种昆虫都有一种非常独特的解决方法。有些幼虫，如俗语所说，抓住牛角迎难而上，为了不弄脏食物，它们一直憋到用餐完毕才排泄；只要食物还没有全吃完，它们就会将肛门紧闭。这种方法似乎不是所有幼虫都能做到的，只有部分昆虫如泥蜂和条蜂是这么做的，所有食物都被吃光后，它们才将从开始进食时就积聚在肠中的粪便一次性地排放出来。

另一些昆虫，尤其是壁蜂，采取折中的解决办法，等到巢中的食物被吃掉一部分，空出足够大的空间时，才开始清除肠道垃圾。另一些昆虫更迫不及待，因为它们会加工粪便，可以更早地服从那共同的规律。凭着天才的灵感，它们把令人憎恶的粪便做成可用于建筑的砾石。我了解百合花负泥虫的艺术，它用自己柔软的粪便做了一件避暑的外套①。这是一种看起来十分土气、令人不悦、十分恶心的艺术。冠冕黄斑蜂则属于另一流派，它用自己的粪便制造杰作，如镶嵌工艺品和优雅的马赛克，可你压根看不出它们原来有多么卑贱。我们还是透过透明的玻璃管，来观察这些技艺吧。

食物差不多被吃掉一半时，黄斑蜂就开始频繁地排便，一直持续到食物消耗殆尽。它的粪便是淡黄色的，勉强有大头针头那么大。粪便被排出后，幼虫向后一拱就把它们拱到蜂房边沿去了，然后吐几根丝将粪便系在那里。其他昆虫要等到食物吃完才开始吐丝，可黄斑蜂与众不同，早早地就开始吐丝，并与进食交替进行。污秽物就是这样与蜜汁远远地隔开，没有混淆的危险。垃圾最终越积越多，在幼虫四周形成了一道几乎绵延不断的屏障。这种半丝半粪的粪便顶篷就是蛹室的毛坯，或更确切地说，是一种脚手架，砾石在最终被派上用场前就堆在那上面。在加工马赛克的工作开始之前，这仓库可确保所有粮食都不受玷污。

无法扔出去的东西就悬在天花板上，使它不造成麻烦，这么做已经不错了；而将它做成一件艺术品，就更绝了。等到蜜汁不见了，幼虫便开始正式造蛹室。它用一层丝将自己裹住，这层丝先是纯白的，然后被一种黏胶漆染成淡红棕色。这层网眼稀松的纱布慢慢织成，离悬在脚手架上的粪粒也越来越近，最后黄斑蜂幼虫终于抓住了它们，将它们牢牢地嵌入织物中。泥蜂、大唇泥蜂等镶嵌工，就是这样用沙粒来加固蛹室不够牢固的纬纱；不过，待在棉囊里的黄斑蜂幼虫，只能用它拥有的唯一的固体材料来代替矿粒。对

① 见卷七第十四章。——校注

它而言，粪便就是沙砾。

然而，黄斑蜂的作品并不因此而逊色，恰恰相反，当蛹室筑成后，没有目睹制作过程的人，很难说出这件作品的质地。蛹室的色泽和优雅匀称的外形，令人想到用细竹条编成的竹篓，想到镶嵌着异国情调小珠子的工艺品。起初我对它非常好奇着迷，不停地思量这位棉囊中的隐修者究竟是用什么将蛹的居室装饰得这么漂亮，可是没有找到答案。今天我了解了其中的奥秘，对这虫儿的创造性赞赏不已，它竟能将最令人恶心的材料变得实用而优美。

我还发现了蛹室的另一惊人之处，它头部的一端为短短的圆锥形突起，尖端被钻了一个窄孔，使里外可以相通。这一建筑特色是所有黄斑蜂，无论是与树脂还是与植物绒毛打交道的黄斑蜂共有的，而在这一种群之外，就再见不到这种特色。

为什么幼虫没有像对待其余部分那样，给这部分镶上粪粒，而是任其裸露呢？这个窟窿是畅通的，抑或至多只蒙了一层织得很松的纱布，它究竟有什么用呢？依我所见，幼虫对此十分重视。我目睹了幼虫精心编织茧尖的过程，多亏了那个窟窿，才使我得以追踪幼虫的活动。黄斑蜂幼虫耐心地将圆锥形孔道的底部加工得又光又圆，近乎完美；时不时地，它会闭紧两颚，伸入孔中，颚尖使孔道向外略微突出；然后将大颚适度张开，就像分开圆规的两足一样，使内壁扩张、调节出口。

我先不贸然下定论，只设想蛹室被凿通的尖端，是呼吸必不可少的进气烟囱。无论蛹室有多密实，蛹待在其中都得呼吸，就像鸟蛋中的雏鸟也必须呼吸一样。蛋壳表面几千个微孔使壳内的湿气得以蒸发，使雏鸟所需的外界空气得以适量渗入。泥蜂和大唇泥蜂的石头小匣子尽管十分坚固，却具有类似的交换污浊空气与纯净气体的气孔。黄斑蜂的蛹室会不会完全相反，本身并不透气，而我不知其原因呢？无论如何，这种不透气性不可能归因于粪便做成的马赛克，因为采脂黄斑蜂的蛹室中可没有马赛克，但它也有一个极佳的空气调节尖端。

我们能不能从浸透丝纱的生漆中找到问题的答案呢？我在"是"与"否"之间徘徊不定，因为大量蛹室都涂有生漆，却不具备与外界交换空气的能力。总之，由于仍无法确认蛹室小孔的必要性，我姑且假定，黄斑蜂蛹室的小孔是一个呼吸孔。其他的幼虫都将蛹室完全地封闭，采绒毛者也好，采树脂者也好，它们究竟为什么要在蛹室上留一个大孔，这问题还是留待今后考虑吧。

在探索了生物学上的奇趣后，我还要来探讨一下本章的主题：筑巢所用的植物来源。通过追踪黄斑蜂的采集过程，或者在显微镜下检查它所加工的绒毛，我发现我家附近的各种黄斑蜂都不加区别地采摘一切绒毛植物，当然这一发现费了我大量的时间和耐心。菊科植物，尤其是下列几种，提供了大部分绒毛：两至生矢车菊、圆锥花序矢车菊、蓝刺头、伊利大翅蓟、蜡菊、日耳曼絮菊；还有唇形科植物，如普通夏至草、黑臭夏至草、假荆介属；还有茄科植物，主要是毛蕊花属。

大家已经看见，尽管我记录下的黄斑蜂采集植物一览表很不完整，但它包括了好几种外观极不相同的植物。缀着红色绒球的伊利大翅蓟高傲的大烛台式的枝干，与长着天蓝色头状花序的蓝刺头卑微的茎，毒鱼草宽大的蔷薇花饰，与两至生矢车菊瘦削的叶片，银光闪闪的埃塞俄比亚鼠尾草浓密的须毛，与蜡菊短短的绒毛，它们之间在形态上毫无相同之处。对黄斑蜂而言，这些普通植物学上的特征并不重要，只有一样东西在指引着它，那就是绒毛的质

量，只要植物上或多或少地覆盖着柔软的绒毛，其他的对它来说都
不重要。

除了绒毛要精细外，被采摘的植物还要满足另一个条件，那就
是已经干枯，只有干枯植物的绒毛才值得裁剪。我从未见过黄斑蜂
在鲜活的植物上采集绒毛，这样就可以避免绒毛发霉，充满了汁液
的绒毛极易长霉。

黄斑蜂对它认定适用的植物非常忠实，它会出现在上次采摘过
后而裸露部位的边缘继续采集绒毛。它用大颚刮削植物茎上的绒
毛，把小撮小撮的绒毛慢慢传到前足，前足则将绒毛紧紧搂在胸
前，揉成一个小圆球。当绒球有一颗小豆子那么大时，它便用大颚
将绒球叼住，咬在唇间，然后飞走。如果我有足够的耐心，而且它
尚未开始加工棉囊，就会看见它几分钟后又回到同一点。收集食物
的工作会使采集绒毛的工作中断一阵子，然后第二天，第三天，如
果同一株植物上浓密的绒毛还没有被刮净，它就会在同一根茎秆、
同一片叶子上继续刮啊刮。采集绒毛似乎一直要持续到做隔墙的棉
塞需要更粗糙的绒毛时为止；筑隔墙的绒毛常常是和筑巢的细绒毛
一起采的。

在当地的土生植物中，可以让黄斑蜂采集绒毛的植物范围很
广，我还想知道它是否会使用一些不为它的种族所知的异国植物，
在大颚第一次刮到的绒毛植物面前，它是否会犹豫。我已在荒石园
种上了南欧丹参鼠尾草和巴比伦矢车菊，它们将成为采集场，采集
者将是冠冕黄斑蜂，它也是芦竹蜂箱内的房客。

南欧丹参鼠尾草，一种普通的野菠菜，属于法国植物区系中的
一种，但这个品种是从国外引进的。据说，一位带着荣耀与满身创
伤从巴勒斯坦东征归来的十字军骑士，为了治愈他的风湿病，并包

敷面部刀伤,从勒冯带回了这种野菠菜。于是这种植物便从中世纪领主的小城堡内向四周散播,但它始终忠于城堡的城墙。从前它曾作为香料被高贵的领主和夫人们栽种在墙边,今天封建贵族的废墟仍是它们偏爱的扎根之处。骑士和城堡都已消失,这种草却留存了下来。历史也罢,传说也罢,南欧丹参鼠尾草的来源并非主要问题。尽管法国某些地方有这种野生植物,但在沃克吕兹地区,野菠菜一定是大家陌生的。为了采集植物标本,多年来我走遍了全省,只遇见过一次。那是三十多年前在卡隆的一片废墟中,我折了一根插穗,从此十字军的野菠菜就一直伴随着我长途跋涉。我蛰居的荒石园内现在生长着许多丛野菠菜;但荒石园之外,除了墙脚边,别处就再找不到这种植物。因此,在方圆几百里内,它完全是一种新的植物,在我来此播种之前,塞里昂的黄斑蜂还从未采过它的绒毛呢。

黄斑蜂并未过多采集巴比伦矢车菊上的绒毛,巴比伦矢车菊是我为了遮盖荒石园中贫瘠的石子地而最先引进的植物;黄斑蜂从未见过如此巨大的来自幼发拉底河流域的矢车菊,它的茎秆如孩子的手腕般粗,三米高处长着一簇簇黄色绒球,宽大的叶子平展在地下,形成巨大的蔷薇花饰。本地植物中没有哪种植物长成这样,连伊利大翅蓟也不例外。黄斑蜂对此毫无准备,面对这样的发现,它们会做什么呢?它们一定会占有这些异国植物,就如面对平常的供应商——矮小的两至生矢车菊一样毫不犹豫。

在离芦竹蜂箱不远处,我放了几株晒得半干的南欧丹参鼠尾草和巴比伦矢车菊,冠冕黄斑蜂立刻就发现这将是个大丰收。它一试便认定绒毛质量极佳,因此,在筑巢的三四个星期内,我天天都看见它在采集绒毛,一会儿在南欧丹参鼠尾草上,一会儿在巴比伦矢车菊上。它似乎更喜欢巴比伦矢车菊,也许因为这种植物的绒毛更洁白、更细腻、更浓密吧。我仔细观察它们用大颚刮绒毛，用足将绒毛揉搓成团，我看不出这与它们在蓝刺头及矢车菊上采集绒毛有什么不同。它们就像对待本土植物一样，对待这两种分别来自幼发拉底河和巴勒斯坦的植物。

于是，采集绒毛的黄斑蜂就从另一个侧面，论证了我观察切叶蜂时得出的结论。在本地植物区系中，黄斑蜂并没有明确的采集范围，只要能找到筑巢材料，它会很自然地从一种植物采到另一种植物，无论是异国的还是本土的，都一样接纳。从一种到另一种植物、从普通的到罕见的、从习惯的到特殊的、从熟悉的到陌生的，转变是突然完成的，没有渐进的启蒙传授。昆虫对筑巢材料的选择不需要经过见习期，也不需要习惯的教化。它的筑巢技艺，会由于个体突然的、非遗传性的创新，而在细节上变化无常，因而否定了进化论的两大要素：时间与遗传性。

第九章 🐝 采脂蜂

法布里休斯确定的黄斑蜂种类，仍然为我们今天的分类学所接受。当时，昆虫学家们极少研究活生生的昆虫；人们研究昆虫尸体，这种实验室的解剖法至今似乎仍未绝迹。人们睁大眼睛仔细观察昆虫的触角、大颚、翅膀、足，却从不思考一下，这些器官在昆虫的劳动过程中起什么作用。对昆虫的分类简直就跟水晶分类一样，结构就是一切；生命及其最重要的特性，比如智力、本能，都无足轻重，登不了昆虫学的大雅之堂。

的确，几乎只对尸体进行研究的方法，在一开始是必须的。收集昆虫标本，把它们钉在盒子里，是人人都可以做得到的；但是，随着这些昆虫进入它们的生活，研究它们的劳动和习性，却完全是另一码事。没有闲工夫、有时也缺乏兴趣的昆虫分类者，手拿放大镜，分析死去的昆虫，给这个昆虫工人命名，却不知道它生产的是何物。由此，粗俗难听只是许多名称最轻微的缺陷，某些称谓本身就是极大的错误。例如，人们不是把刺胫蜂这种搬运石头的虫子，叫成干木活并且只干木活的蜂儿吗？特别是有些已经广为人知的昆虫职业，在编撰种类的特性简述时，不能予以清楚阐明的时候，名不副实就在所难免。我希望，昆虫学将在未来取得不凡的进步，人们将注意到，他们珍藏的标本也曾有过生命，并从事某种职业；解剖学著作将给生物学著作留出些许位置来。

由于法布里休斯使用了"黄斑蜂"这个名称，使人联想到对花的爱慕，他没有沾染上那个时代的通病。然而，即使如此，他也没有论及黄斑蜂的特征。在很大程度上，所有采蜜蜂都具有相同的爱好，所以我认为没有理由觉得黄斑蜂更热衷于采蜜。如果这名丹麦学者早知道它们用绒毛筑巢，也许会给它们起个更符合逻辑的名字。全十找，找用的是一种科技词汇小流行的词，找将把它们称作"采绒蜂"。

这个术语需要加以限制，根据我的新发现，的确，以前的黄斑蜂，即昆虫分类学者所指的黄斑蜂，在我们地区，包括两个从事截然不同职业的群体。一种是我们已经知道的，只采集绒毛的黄斑蜂；另一种的渊源尚待我们去探究，它采集树脂而从不理会绒毛。为忠实于"形象贴切"原则，尽量以生产的产品命名工人的原则，我把这种蜂称作"采脂蜂"。限于我观察所得到的资料，我将黄斑蜂这个类群分为两个具有同等地位的类别，我要求给它们各自一个特殊的名字，毕竟用同一个名字称呼绒毛梳理工和树脂采集工是不合逻辑的。我把按照此规则进行改革的荣耀献给有关人员。

坚持不懈给我带来了好运，我在沃克吕兹的好几个地方发现了四种采脂蜂，还没有人想到它们从事着独特的职业呢。今天，我在附近重又找到了一些黄斑蜂，它们是七齿黄斑蜂、好斗黄斑蜂、四分叶黄斑蜂和拉氏黄斑蜂。前两种藏身于旧的

七齿黄斑蜂

蜗牛壳里，另两种时而庇护于泥土中，时而筑巢于大石下。首先我们来关心一下蜗牛壳里的居民吧，我已经在第三卷里提到过几句，论述过它们的性别划分。虽然是由别的问题引起而附带提及的，我也应该对当时的叙述做一下补充，现在，我就回过头来更深入地讨论。

塞里昂古老的采石场里的碎石堆，寄宿在蜗牛壳中的壁蜂，经常前来寻找用于筑巢的蜗牛壳。我在这里找到了居住在蜗牛壳里的两种采脂蜂。当田鼠在石板底下，在它睡觉的干草垫周围，留下一大堆空蜗牛壳时，我就有希望发现塞满了烂泥的蜗牛壳，以及一些乱七八糟地搅在泥巴里用树脂封住的蜗牛壳。两种蜂儿门对门工作，一只用黏土，另一只用树脂做胶黏剂。采石场的杂物使这里遍布掩护所，老鼠的餐后点心提供了足够的住处，优越的地理环境为同居生活提供了适当的条件。

有些地方死蜗牛很少，一个个四散在类似田间墙垣的缝隙里，每一只蜂儿都离群地占据着它发现的新居。但在这里，我的收获总是双倍甚至三倍的，因为那两种采脂蜂经常去相同的碎石堆。我搬起石头，在石堆中挖掘，直到潮湿的洼地提醒我再深入下去已经没有意义；有时只要掀起第一层泥土，有时在两拃深处，我就能找到壁蜂栖居的壳，采脂蜂的却少得多。记住，要有耐心！劳动不一定能结出丰硕的果实，工作也并不总是充满乐趣的。为了翻转粗糙不平的砾石，我的手指尖疼痛难忍，表皮脱落后，变得像在磨刀匠的磨石上磨过一样光滑。虽然整个下午都干这样的活，累得我腰酸背疼，手指痛痒，然而只要找到一打壁蜂窝和两三个采脂蜂巢，我就心满意足了。

壁蜂的蜗牛壳一下子就可以认出来，壳口是被泥土做的封盖堵住的；而黄斑蜂的蜗居就需要一番特别的检查，否则就有带回几口袋笨重的废物的危险。在碎石堆中一只死去的蜗牛的壳里是否住着采脂蜂呢？没有吗？从外面什么也看不出来。黄斑蜂的杰作在螺塔的底部，离大大敞开的螺口很远，而我们的视线根本看不到螺旋里面。我对着阳光朝这个神秘的蜗牛壳看了一眼，如果它是完全透明的，说明里面空无一物，我便把它放回原地，留待将来蜂儿来筑巢。假如第二圈螺旋是不透明的，说明里面藏有什么，到底是什么呢？是被水灌进去的泥土还是腐烂动物的残留物？必须看了才知道，我掌出一把随身携带的小铲子，这是我用于研究必不可少的工具。我用它在底部那圈螺旋的中间撬开一个大窗口，如果我看见一层混合着砾石渣的树脂在闪光，那么我可以断定我拥有了一只采脂蜂巢。但是，为了获得一次成功，得付出多少次失败的代价啊！我有多少次在塞满泥巴或充溢着死尸臭气的蜗牛壳上，徒劳地开了窗口啊！在杂乱无章的碎石堆里采拾，在阳光下审视，用小铲子撬，而结果几乎总是丢弃。就是经过这样一幕幕反复重演，我才得到了这一章里来之不易的资料。

第一个羽化的是七齿采脂蜂。从4月起，我就能看到它们在采石场的垃圾和栅栏矮墙间，笨重地飞来飞去寻找蜗牛壳。和它同时出生的三叉壁蜂，在4月的最后一个星期开始筑巢。采脂蜂经常和它栖居在同一堆石头中，蜗牛壳靠着蜗牛壳。七齿采脂蜂很早就开始筑巢，与正在筑巢的壁蜂比邻而居，这对七齿采脂蜂是有好处的；但是，这种邻居关系，会使晚出生的以采脂为业的好斗黄斑蜂陷入危险之中。

采脂蜂选用的蜗牛壳，最常见的是普通的轧花蜗牛壳，有的已成形，有的正在生长中。森林蜗牛和草地蜗牛虽然少得多，却也能提供合适的住所；假如碎石堆里还有别的蜗牛壳，只要空间宽敞，采脂蜂一定会选用，我的儿子埃米尔给我从马赛附近弄来的那个蜂巢就是见证。这次，黄斑蜂栖居在黏土蜗牛壳中。这种蜗牛壳体积庞大，规则的螺旋如同菊石一般；在所有的陆地甲壳中，它特别引人注目。这个完美的蜂巢既是软体动物，又是黄斑蜂劳动的杰作，值得在任何别的蜂巢之前把它描绘一番。

这个蜗牛壳的最后一圈螺旋，占了从开口起3厘米的长度，里面什么也没有。在浅浅的3厘米深处，我可以清楚地看到一层隔墙，隔墙建在我能看到的这个位置，是因为通道的直径不大。在普通的有花纹的螺壳里，由于洞穴迅速扩大，所以黄斑蜂会把巢筑在比较靠后的位置，如果我想看到最后的隔墙，正如我已说过的，必须在侧面开个洞口。因此作为天花板的隔墙，所在位置的深浅取决于通道直径的大小。蜂房必须有一定的长度和宽度，使雌蜂能按照甲壳的形状在螺旋中上下自如。当通道直径适宜时，从最后一圈直到螺口都会被占据，于是螺口处的蜂房封盖就完全裸露在外。这种情况只有在森林蜗牛壳、成年的草地蜗牛壳以及幼小的轧花蜗牛壳中才能见到。现在我们先不要强调这种特殊性，其重要性以后自然会得到肯定。

无论蜂巢建在螺壳里哪个部位，蜂巢表面最后都要镶嵌粗糙多角的小碎石，并牢牢地用胶黏剂固定。这种胶黏剂的性质还有待确定，呈琥珀黄，半透明，较脆弱，可溶解于酒精，燃烧时火焰会冒烟，并散发出强烈的树脂味。根据这些特征，问题就显而易见了：黄斑蜂所用的胶黏剂，是以针叶树渗出的眼泪般的树脂为原料的。

我甚至认为，我可以确定是何种植物的树脂，虽然我从未在黄斑蜂采集树脂时撞见过它。在我寻找采脂蜂的那片碎石堆附近，长着一片茂密的刺桧林，没有一棵松树，柏树只在相隔很远的民居周围才有。而且，在那些我们稍后要看到的、有助于蜂巢防御功能的植物碎屑中，常有刺桧的柔荑花序和松针。寻找胶黏剂的黄斑蜂为了节约时间，很少远离它熟悉的地方，因此，树脂应该是从小灌木中采来的，而且，用于做壁垒的材料正是从这些灌木丛下挑来的。另外，这并不是这一带独有的情况，从马赛带来的那个蜂巢里也有很多相同的碎屑。所以，我认为刺桧是最常提供树脂的树，但当缺少最受喜爱的灌木时，采脂蜂也不排斥松树、柏树以及其他针叶树。

马赛蜂巢的房门封盖上的碎石是岩质多角的，但大多数塞里昂蜂巢却是硅质圆形的。蜂儿对镶嵌倒是既不讲究原料的形状，也不讲究颜色，它搜集所有够硬又不太大的石子。有时它会发现一些使作品标新立异的东西，马赛蜂巢便是一例，它像一个完全整洁地镶嵌在砾石中的小小的灰蛹螺。我在附近找到的一个蜂巢，则是一只被镶成漂亮的圆花窗形的螺壳条纹蜗牛的壳。这些具有艺术性的微小细节，使我又想起阿美德黑胡蜂的蜂巢，巢上满是小小的甲壳，似乎颇有些昆虫对装饰贝壳感兴趣。

在树脂和砾石做的盖子后面，就是占据了一整圈螺壳的路障，是用松散的碎屑修成的，与在芦竹中保护肩衣黄斑蜂的丝质壁垒一样。真奇怪！这两个禀赋如此不同的建筑师，居然采用了相同的防御体系，只不过一个用泥土，另一个用胶黏剂。马赛蜂巢的路障采用的原料是钙质砾石、小块泥土、木柴碎屑、几片青苔，特别是刺桧的柔荑花序和松针。塞里昂蜂巢是筑在花纹螺壳里的，建造壁垒的材料大致相同，主要用的是兵豆般大小的碎石以及刺桧的柔荑花序和松针，然后是蜗牛的干粪便和一些罕见的陆上小甲壳。同样，将这些材料搅在一起，偶尔再加上点蜂巢附近发现的新东西，就筑成了肩衣黄斑蜂巢的护城墙。肩衣黄斑蜂还同样善于使用在阳光下晒干的蜗牛的细粪条。这些不调和的材料就像刚被黄斑蜂采集来时一样，相互之间毫无联系地堆积在一起。树脂完全不会渗透到里面，所以只要把封盖捅破，把螺壳翻过来，隔层就会倒下来掉到地上。采脂蜂并不打算把所有的材料都胶合、加固，也许是因为它无力生产这么多的胶黏剂，或许是因为一整块路障会成为幼蜂无法逾越的障碍，又或者是因为砾石堆只是附属城墙，作为备用品粗陋地耸立在那里。

虽然存在这些疑惑，但我至少发现，黄斑蜂并不认为路障是必不可少的。在较大的蜗牛壳里，它会定期制作路障；这种蜗牛壳的最后一圈太大，形成了一个空荡荡的门厅。而在体积不大的螺壳里，路障就被忽略了，比如在树脂封盖与螺孔相齐的森林蜗牛壳里就没有路障。我在石堆里找到的蜂巢，有保护墙的和没有保护墙的几乎一样多。在采绒毛的那一群里，肩衣黄斑蜂也不一定执着于修筑木屑和碎石砌成的护城墙，我知道有些巢所有的用料就是棉花。对于这两种黄斑蜂来说，碎石围墙只在某些情况下有用，但我并不知道其中的奥秘。

在封盖和路障这些前部防御工事之后是蜂房，位置的深浅视螺壳的直径而定。蜂房的前后都由纯树脂做的墙壁隔开，没有一点儿矿物块掺杂其中。蜂房的数量十分有限，通常不超过两个。前面那个因为得益于通道增大的直径，体积较大，是一只雄蜂的居室，因为相对于雌蜂而言，雄蜂更加魁梧；后面那个较小，用于容纳一只雌蜂。在前一卷中我已经强调过那个需要我们思考的奇妙问题，即关于卵的成对产出和雌雄相间的问题。不用干别的，采脂蜂只筑一些横隔墙，蜗牛壳逐渐增大的坡面，就给雌雄两性提供了适合各自身材的居室。

第二种在蜗牛壳里筑巢的采脂蜂是好斗黄斑蜂，它在7月羽化，顶着8月的酷暑筑巢。它修筑的巢与在春天忙碌的同类修筑的如出一辙，因此当你从墙洞或石头底下掘出一只内藏蜂儿的蜗牛壳时，根

好斗黄斑蜂

本不可能确定它属于哪一种。要得到确实的资料，唯一的办法是在2月敲碎螺壳，撕破蜂房。那时，夏采脂蜂的巢里尚居住着幼虫，而春采脂蜂的巢里已经是蛹了。如果不用这种粗暴的方法，就只能等到羽化的时候才能解开疑团，因为两种蜂巢彼此非常相像。

两种蜂儿的蜂房也是一样的，而蜗牛壳的大小、种类各式各样，会碰到哪种只是出于偶然。一样的树脂封盖，内部都嵌着小石粒，外部基本光滑，有时装饰以小甲壳；一样的用多种碎屑筑起的屏障，但不一定每只蜂巢里都有；同样有两间隔开的大小不等的房间，由雌雄两性分别占据；所有的都一样，甚至连胶黏剂的来源也一样，都是刺桧。进一步描述夏采脂蜂的巢，也许会有所重复，只有一件事情引出了新的细节。

我猜不透是什么原因，使这两种黄斑蜂都把蛰居的蜗牛壳前面大部分地方空出来，而不像壁蜂那样，把直到螺口的整个壳都占满。它们平均每次产两枚卵，产卵分成几个间断的时期，那么每次产卵是否都必须有新的居所呢？采集来的树脂是半流动状的，当通道的空间超过限度时，树脂是否就不适宜修筑跨度过大的拱顶呢？收集来的胶黏剂是否过于昂贵，难以在最后那圈硕大的螺旋里修筑蜂房所需的多道隔墙？我没有答案能回答这些问题，只能摆出一个不能解释的事实：在一只大的蜗牛壳里，前面那部分，差不多最后整整一圈，都作为空荡荡的门厅。

对于七齿黄斑蜂这种春采脂蜂来说，同样的住处，一半空间都空置，是非常合适的。它与壁蜂一般年纪，两种蜂儿经常还是住在同一条石板下的邻居。黄斑蜂这个用胶黏剂的建筑师，与用泥土的壁蜂建筑师同时筑巢，不用担心它们之间会互相侵略，因为两只门对门干活的蜂儿都各自戒备地监视着自己的财产呢。假如有侵占的事情发生，蜗牛壳的主人一定会维护自己作为第一个殖民者的权利。

对于好斗黄斑蜂这种夏采脂蜂来说，情况却大相径庭。当壁蜂筑巢的时候，它还只是幼虫，最多是蛹，因此它那个空空荡荡的住所并不会平静。这个前厅空荡荡的螺壳不会吸引采脂蜂，因为它也喜欢把家安在蜗牛壳的深处；但这个前厅非常适合壁蜂，这家伙会在蜗牛壳里造满房子，直到出口。采脂蜂空出来的最后一圈是无与伦比的居室，没有什么理由能阻止壁蜂将其占为己有。事实上，壁蜂确实霸占了它，而且往往是为了可怜的下一代。

在黄斑蜂用树脂做的蜂巢封盖上，有一个用泥做的封盖塞子。利用这个塞子，壁蜂接管了原本黄斑蜂认为螺旋中太窄、不适合其工程的部分。在这上面，壁蜂一层层地堆砌蜂房，然后再在整个蜂巢上覆盖一层厚厚的防御盖子。总之，壁蜂建造蜂房时，就像蜗牛壳里什么都没有似的。

7月来临，这座房子里的两户房客，将不可避免地成为一场悲剧性争斗的主角。位居下面的采脂蜂幼虫如今已经是成虫，它们挣脱褓褓，推翻树脂做的隔墙，穿过砾石堆成的路障，寻求自由；而上面的壁蜂，还是幼虫

1⅕

火焰青蜂

或蛹，要待在蜂房里直到明年春天，它们把过道完全阻塞住了。因此，为了冲破自己的巢而体力已经削弱的采脂蜂，再也没有力气从地下墓穴的底部重新爬起来。虽然有些壁蜂的隔墙被打开了缺口，

有些茧已经破得不能再破，但这些经过徒劳的努力而筋疲力尽的囚徒，最后只得在不可动摇的土建筑前投降和死去。钝带芫菁和火焰青蜂这两种寄生虫，更不能胜任清除垃圾的浩繁工作，也是死路一条。钝带芫菁依靠储备粮过活，火焰青蜂以吃幼虫维生。采脂蜂被活埋在壁蜂的建筑之下的悲惨结局，不是不发一辞或用寥寥几句就能打发的罕见事例。相反，我发现这种情况经常发生，频率之高引起了我的思索。

将本能看作是后天习得的学派，会把在昆虫的劳动过程中，偶然发生的芝麻绿豆大的有利事件，作为进步的出发点；而这种进步通过遗传，并且随着时间的推移越来越显著，最后终于成为整个种类都具备的能力。其实，根本没有什么确定的事实能支持这一说法，而且，其肯定的说明中不乏假设性的托词："姑且认为""假定""有可能是这样的""没有理由不相信""也许是"等等，师父这样推断，弟子也毫无创新。拉伯雷说："如果天塌下来，所有的云雀都将被压住。"是的，但是天好端端地在那里，而云雀也还在飞翔。这个人又说，如果事物是这样的，本能就可以变化和更动。是的，但是你难道能确信事物是按照你所说的那样发展的吗？

我把"如果"二字从我的研究领域里删除，我既不假设什么，也不虚拟什么，我只收集铁一般的事实，因为只有事实才值得信任；我将其记录下来，然后思索，并在坚实的基础上推导出结论。刚才我所描述的人是用这些措辞得出结论的：你告诉我们，任何有利于昆虫的变化，都是通过一系列幸运的个体传递下来的。这些个体更健全、能力更强，它们放弃了旧的习性，并取代了最初的种类；这些种类是残酷竞争的牺牲品。你向我们证实，从前，在一个年代久远的晚上，一只蜂儿偶然发现了一只空蜗牛壳，并将其占为己有。这个住所宁静安全，很讨它的欢心。经过代代遗传，逐渐地，蜗牛壳甚至更加适合它的子孙后代居住，于是，它们在石头底下寻觅蜗牛壳。经过一代又一代，习惯使然，它们就把蜗牛壳当作祖传的居所。同样还是出于偶然的原因，蜂儿发现了一滴树脂，它柔软，可塑性强，非常适宜筑隔墙；而且它硬得很快，能使天花板变得牢固结实。蜂儿试过树脂胶黏剂后认为很好，后来者也对这可喜的革新赞赏有加。逐渐地，它们又发明了蜂房封口的砾石堆和燧石路障这两样新设施，这个巨大的进步使整个种群都受益匪浅，防御工事使最初的建筑作品更为完善。就这样，居住在蜗牛壳里的采脂蜂的本能就此产生，并且发展起来。

这个美妙的有关本能起源的说法，缺少一样不起眼的东西：朴素的真实性。即使是对微贱的生物而言，生活总是存在着两面性，有好的一面，也有坏的一面。避免这个，追寻那个，简言之，这就是对所有的行为做出的总结。动物和我们一样，生活中有甘甜美好的一面，也有苦涩艰难的一面；减轻后者与增强前者同样重要，这对动物和对人类来说都是一样的。

幸福就是避免不幸。

既然蜂儿把筑在蜗牛壳底部的树脂蜂巢这个偶然的发明如此忠实地继承下来，那么毋庸置疑，它也应该把晚羽化的下一代避免灾祸的方法，同样忠实地传递下去。从被壁蜂堵塞的地下墓穴的深渊中逃出来的几位蜂妈妈，应该记忆犹新，应该对穿过土堆时所做的绝望的斗争，仍然保留着深刻的印象；它们应该激起儿孙们对深宅大院的害怕，因为外族人随后将前来筑巢；它们应该会习惯性地教授儿孙自救的方法，教儿孙们采用中等大小的蜗牛壳，将蜂巢筑到螺口。为了种族的繁荣，放弃宽敞的前厅，显然比发明很多侵略者都知道越过的路障重要得多，这样就可防止后代在不可逾越的建筑下窒息，从而大大提高存活率。

长期以来，已经有许多体积不太大的蜗牛壳被试过，这是肯定的，我叫以举出很多事实为证。那么，这些非常有益的、为了寻找获救方法而进行的试验，是否因为祖先的叮咛而被普遍应用了呢？根本没有，采脂蜂顽固地迷恋大蜗牛壳，似乎它的祖先从来没有经历过因为被壁蜂强占了前厅而造成的灾祸。这些事实被正式确定之后，结论就应声而出：既然采脂蜂不能遗传可防止祸害的意外变革，那么它也就不能遗传可产生积极效应的变革。无论这场偶然的事故给母亲留下了多么难以磨灭的记忆，都不能在后代身上产生丝毫影响。偶然性与本能的起源并没有丝毫的联系。

除蜗牛壳的这些房客之外，还有另外两种采脂蜂，它们倒从来不在蜗牛壳里筑巢，它们就是四分叶黄斑蜂和拉氏黄斑蜂。这两种蜂儿在我们地区都非常罕见，况且，由于它们生活隐蔽，离群索居，很少出现，所以大大地增加了观察的难度。某块大石头底下一个暖和简陋的坑，朝阳斜坡中某个废弃的蚁窝，地下几寸深处某个金龟子的空巢，还有也许经过细心整理的任意一个洞，据我所知，就是它们仅有的住宅。它们在那里建造蜂房，砌成一堆，一间紧挨一间，组成一个扁球体，上面除了一层遮蔽的盖子外，什么掩护都没有。四分叶采脂蜂的扁球体蜂巢，有拳头大小，而拉氏采脂蜂的有一只小苹果那么大。

乍一看，我很难确定这奇怪的圆球到底是什么做的，它呈浅褐色，十分坚硬，有点黏黏的，带有一股沥青味，外部嵌着一些砾石、一点儿土粒和几只大蚂蚁的脑袋。这种将蚂蚁作为战利品的行为，并不就说明它们性情残忍，蜂儿砍下蚂蚁的头并不是为了装饰房子。像蛰居在蜗牛壳里的同类一样，它们也需要加固房屋，必须在住宅周围采集坚硬的细小颗粒；而经常出现在屋子四周的干蚂蚁脑袋，对它们来说就是跟小石子一样有用的碎石，每一只蜂儿都使用不费太大力气就能找到的东西。蜗牛壳里的居民为了修筑路障，十分重视蜗牛的干粪便；而它的邻居，大石块和斜坡的拥有者，因为周围蚂蚁出没不绝，就利用死蚁的头，如果缺乏蚁头时，就用别的东西代替。除此之外，用于防御的镶嵌就很稀疏；我发现，蜂儿对此并不十分重视，因为它们深信自己置身于城堡的铜墙铁壁之中。

蜂巢的材料首先使人联想起某种原蜡，比熊蜂的蜂蜡要粗得多，或者比某些来历不明的柏油要优越得多。但接着我改变了看法，在这种不明物质里，我发现了透光的裂缝，而且我还观察到，它遇热会软化，燃烧时火焰带烟，还能在酒精中溶解，总之，它具有树脂所有的明显特征。这么说来，这里还有两个针叶类树脂的采集者。在我发现蜂巢的地方，有松树、柏树、刺桧和常见的刺柏，是哪一种给蜂儿提供胶黏剂呢？我什么线索也没有，也没有什么可以解释，树脂原来的琥珀色在两种蜂儿的蜂巢中，是如何变成深褐色的，这种颜色使人联想起沥青。蜂儿收集的树脂是由于时间长变质了，还是被烂木头的腐汁弄脏了呢？当它搅拌的时候，是不是在里面掺和了某种褐色的成分呢？我认为这是有可能的，但还不能加以论证，因为我始终没有看见蜂儿采集树脂。

虽然我还不能解决这个问题，但另一个更有意思的问题倒十分明显，特别是四分叶黄斑蜂的巢中，大量使用树脂这种材料，我在里面竟然数出12个蜂房，即使是卵石石蜂的蜂巢也很少有比这更庞大的。为了修筑如此耗资巨大的建筑，采脂蜂得从松树中大量采集

1½

四分叶黄斑蜂

树脂，就跟筑巢的石蜂从碎石铺的路上大量采集灰浆一样。在它们的车间里，再不是像在蜗牛壳里那样，用两三滴树脂精打细算地造隔墙；从地基到屋顶，从厚厚的围墙到房间的隔墙，整座建筑所用的胶黏剂足够在几百个蜗牛壳里造隔墙；因此，采脂蜂的称号尤其应授予这位使用树脂的建筑大师。它的竞争伙伴拉氏黄斑蜂，也值得我充满敬意地提起，因为它的身材更娇小。其他使用树脂的蜂儿，那些在蜗牛壳里筑隔墙的家伙，则被远远地抛在后面，只能名列第三。

现在，有了事实作为依据，我想做更深入的研究。黄斑蜂——这个以蜂巢的精巧构造，被所有的分类学大师公认为品质卓越——包括两个职业截然不同的团体："绒絮制毡工"和"树脂采集工"。也许还有别的品种，当它们的习性被更清楚了解后，也会加入到这个大家庭里来，增加行业的种类。我局限于所知甚少，因此不明白在工具，也就是器官的关系方面，使用绒毛的和使用树脂的蜂儿之间到底有何区别。诚然，当黄斑蜂被载入分类册的时候，人们并没有忽略科学的严谨；在放大镜下，人们检查它们的翅膀、颚、足、花粉刷，以及一切有利于划分这一种群的细枝末节。当专家们做了细致的检查后，如果说还有什么器官的不同之处未被发现，很可能是因为这种差别根本不存在。结构上的相异点不可能逃过见多识广的生物分类学家敏锐的眼睛，因此，这个种群在结构上是同质的，但是它们所从事的行业却是根本不同的。工具相同，工作却不同。

我把新发现的不一致处给我造成的困扰，告诉了波尔多杰出的昆虫学家佩雷先生，他认为他已经在昆虫双颚的构造中找到了谜底。我从他的著作《蜜蜂》中摘录了以下这段话：

> 采绒絮的雌蜂的双颚边缘有五六个细齿，这是它用于刮去和拔除植物绒毛的绝好工具，作用就像梳子或梳棉机。而采脂的雌蜂的双颚边缘没有细齿，仅仅是弯曲的；前面有个缺口，边缘单独构成一颗真正的牙齿；但这颗牙很钝，不大突出。总之，大颚只是一种能很好地将一种黏稠物质分离并加工成小团的勺子。

对于两种行业的解释，没有比这更好的说法。大颚既是收获废绒絮的耙子，又是汲树脂的勺子。如果我没有好奇地打开我的盒子，亲自近距离地仔细观察这些用胶黏剂和绒毛的昆虫工人，那么我可能就只知道这些，并且非常满意地到此为止。渊博的前辈，请允许我谦卑地将我所看见的告诉你。

我检查的第一种蜂是七齿黄斑蜂。多么棒的勺子啊！强壮的大颚，呈伸长的三角形，上面平坦，下面凹陷，没有能称为锯齿状的梳子。的确如你所说，这是一个收集黏糊糊的小丸子的绝妙工具，蜂儿干活时非常灵活，就像锯齿形的双颚很适合采绒毛一样。即使是干一件琐屑的活，比如采两三滴胶黏剂，这也是一件极其称手的工具。

轮到好斗黄斑蜂这个住在蜗牛壳里的采脂蜂时，情况开始变糟了。我发现它的大颚上有三个锯齿，但是不大，而且没有突起。我姑且先认为这不算什么，虽然它与七齿黄斑蜂所做的工作一模一样。到了四分叶黄斑蜂，情况就糟透了。这个采脂蜂之王，采摘的胶黏剂大得像拳头，它的同类得把这么大一团分成几百份去给蜗牛壳砌隔墙。然而，在勺子的伪装下，它拿的却是耙子，在大颚那宽阔的刀刃上，竖着四颗像最热衷于采棉花的蜂儿一般尖锐、一样深的利齿，即使佛罗伦萨黄斑蜂这个厉害的织棉行家的梳棉工具，也不能与匕相比。这只采脂蜂有像锯子那样的齿状工具，却一趟趟地背回大团树脂；这些材料运回来时还不是硬的，而是呈半流动黏稠状，以便能和以前采回的树脂混合在一起，并加工成蜂房。

拉氏黄斑蜂也具有用耙子收集软软的树脂的可能性，我丝毫没有夸大这个工具的作用，拉氏黄斑蜂用三四个棱角分明的锯齿武装大颚。总之，在我所认识的仅有的四种采脂蜂中，一种是长着"勺子"的，且愿这个词能贴切地表达工具的用途，另外三种都长着"耙子"，而且采集最大的树脂团的那只，恰恰就是"耙子"上的锯齿最利的，但是，根据波尔多昆虫专家的观点，这种工具应该是属于采绒蜂的。

起初那个让我满心喜悦的解释，实在错得令人难以接受，大颚是否带齿，根本不能说明它们为何从事两种职业。那么，在摸不着头绪的情况下，我们能否借助于整体结构这个笼统而难以描述的概念来解释呢？也不能，因为在壁蜂和两种蛰居蜗牛壳里的采脂蜂一起干活的石头堆里，我在相隔较远的地方，新发现了另一种使用胶黏剂的蜂儿，它和黄斑蜂类的结构没有丝毫关系。它就是身材小巧的阿尔卑斯螺赢。

在一只普通的小蜗牛壳里，可能是森林蜗牛的壳，阿尔卑斯螺赢会用树脂和砾石造出最华美的蜂巢，以后我将更深入地描述它的杰作。对于认识螺赢的人来说，任何将它与黄斑蜂做的比较都是不可原谅的错误。幼虫的食谱、外形、习性等等，都表明它们是截然不同的群体，彼此相差甚远。黄斑蜂以蜜汁喂养全家，螺赢用的则是猎物。它身体轻盈，体形瘦削，即使是最敏锐的眼睛也不能在它的结构上读出它从事的职业。这个爱好捕猎的阿尔卑斯螺蠃，就是以这样的身材与爱好蜜汁的笨重的采脂蜂一样采集树脂；它甚至干得更好，因为它镶的小石子蜂巢比黄斑蜂的漂亮得多，而且丝毫不失坚固。它的大颚既不像勺子，也不似耙子，而像一把长长的末端有点锯齿状的钳子。它可以用大颚的末端，像那些装备其他工具的竞争对手那样，同样灵巧地收集黏稠的树脂滴。我认为，螺蠃的例子可以证明，无论是工具的形状还是工人的外形，都不能解释工人所从事的工作。

我想到的还不止这些，我百思不得其解，对一种昆虫来说，是什么动机使它从事某种行业呢？壁蜂用烂泥或嚼碎的树叶团来分隔蜂房，石蜂用水泥来筑巢，长腹蜂用的是一罐罐的黏土，切叶蜂用一坛坛小圆叶片，采绒蜂把绒毛粘压成袋子，采脂蜂用胶黏剂把小石子粘到一起，木蜂、刺胫蜂在木头里钻孔，条蜂在斜坡下挖地道。为什么有这么些工种？对昆虫来说，为什么必须得干这个，而不是那个呢？

我已经听到了答案：它们受制于生理构造。这只昆虫具备卓越的采集和粘压绒毛的工具，却没有剪树叶、揉黏土、搅树脂的工具，可用的工具决定职业。

这很简单，我不否认，人人都能发现。对那些没有兴趣或没有时间去追根究底的人来说，知道这些就足够了。某些大胆理论的盛行，充其量只是方便满足我们的好奇心，并没有其他更积极的意义；然而，它却免除了研究工作，而研究总是必须花费很长的时间，有时还很辛苦；而且，它还披上了科学的外衣，没有什么比一个能用三言两语解释的世界之谜，更能迅速变得流行起来。爱思考的人却跟不上这么快的节奏，为了知道某些东西，他心甘情愿知道得很少。为了保证成果的高质量，他把自己研究的领域划得很小，满足于可怜的收获。在赞同工具决定职业的观点之前，他想要看一看，亲眼瞧瞧；而他所观察到的却远远不够确证那句斩钉截铁的夸夸其谈。现在我们来分担一些疑问，仔细了解一下情况吧。

富兰克林给我们留下了一句箴言，用在这里非常合适。他说："一个好的工人既应该会用锯子刨，也应该会用刨子锯。"昆虫这个工人太优秀，我不能不运用到这位波士顿智者的建议。在它的工作中充满了以刨代锯、以锯代刨的例子，它的灵巧弥补了工具的不足。不用追溯到更远，我们不是刚刚看到各色各样的工匠采集和使用树脂，有些用勺子，有些用耙子，有些甚至用钳子吗？所以，如果不是某种天赋的秉性把昆虫局限在专门的领域，那么，无论配备什么样的工具，它都能为了树叶离开绒毛，为了树脂放弃树叶，或为了砂浆告别树脂。

这几行会被人斥责为讨厌的自相矛盾的话，不是漫不经心地从笔下溜出来的，而是经过深思熟虑的。现在，我们来听听下面这个假设，并从反面推敲一番吧。假设一位享有卓越成就的昆虫学家，像拉特雷依一样著名，他一心致力于研究结构的细节，却对昆虫的本能一无所知，没有一只死了的昆虫是他不认识的，但他从不研究活的昆虫，他是个不折不扣的出类拔萃的分类学家。我恳请他检查随便一只飞来的蜂儿，并根据它的工具说出其职业。

说实话，他能行吗？那么，谁又敢让他接受这样的试验呢？难道个人的经验还没有使我们完全信服，仅仅检查昆虫并不能告诉我们它从事的行业种类吗？蜜蜂后足上的粉筐、腹部的节，明白地告诉我们，它采花蜜和花粉；然而，尽管在放大镜下多次探究，人们对其特殊的技艺仍然毫无所知。在我们的各行各业里，刨子代表着木匠，用抹刀的是泥瓦匠，剪刀是裁缝的标志，针则是绣工的专利。在动物的行业里也是这样的吗？那么请你展示一下，明确代表昆虫泥瓦匠的抹刀，可证明昆虫木匠身份的半圆凿，真正标志着昆虫切割工的剪切机；当你向我们展示这些工具时，请告诉我们："这个是用于修剪树叶的，那个是给木头钻孔的，另一个是拌水泥的。"由此及彼，请根据工具确定职业吧。

显然，你做不到，也没有人能做到；如果不进行直接的观察，昆虫工人的专长就始终是个不解之谜，即使最精明强干的人也束手无策。这种无能为力不正有力地证实，在动物界纷繁复杂的行业中，除了工具还有别的影响因素？当然每个专家都必须有它的工具；但大都是些差不多的工具，广泛适用于各种工种，可与富兰克林所说的工人使用的工具相媲美。同一只带锯齿的颚，既能采摘绒毛，也能切割叶子、搅拌树脂，还能揉泥浆、磨碎朽木以及拌砂浆；加工绒毛和把树叶弄成半圆形垫片的跗节，在砌土墙、造土塔、嵌石子等方面的技艺也毫不逊色。

那么存在上千种行业的原因何在呢？在事实的启示下，我只看到了一个原因：思想决定内容。一个原始的灵感，一种先于外形而存在的天赋，引导着工具，而不是服从于工具。器械不能决定行业的种类，工具不能造就工人。我们做事首先必须确定目的和意图，而昆虫则无意识地为了这一目的和意图而行动。我们是为了看东西而长眼睛的呢，还是之所以看是因为长了眼睛？功能造就了器官，抑或器官造就了功能？在这两个选择项中，昆虫毅然选择了第一个。它告诉我们："我的行业不是我所拥有的器械强加给我的，但我使用器械就好像它是为了我与生俱来的天赋而存在的。"昆虫以它们的方式告诉我们："功能对器官起决定作用，视觉是眼睛存在的原因。"它最终为我们重温了维吉尔的深刻思想：

精神之力足以挥动大铁锤。

第十章 筑巢蜾蠃

如果还必须别的什么来证明器官不牵制功能，工具不决定作品，蜾蠃将给我们提供十分明显的证据。在构造上，无论整体还是部分，这些昆虫都非常相似，它们是一个在结构方面最纯的种类。蜾蠃虽然具备同样的工具，却从事着各种彼此之间毫无关系的职业。除了外形的相似，唯一联系这个习性不一致的种群的就是：所有的蜾蠃都是捕猎者，它们以用刺钉住的小蚯蚓、小幼虫和鞘翅目昆虫弱小的幼虫来养家活口。

但是，为了达到这个共同的目标，用于安放蜂卵并储藏猎物的仓库，建筑方法却各不相同。如果我们对这个种类的生物学知识知道得更加清楚，也许就能发现，不同流派的建筑家就如蜾蠃的类别一样多。由于机会限制，我只能对三种蜾蠃进行研究。这三种蜾蠃具有同样的工具，大颚都是弯曲的钳子形，末端呈锯齿状，可各自所专攻的行业却极不相同。

第一种，肾形蜾蠃，我已经另外写过有关它的专文。它在坚硬的土里挖掘很深的隧道，然后用清理出的杂物在井口竖上一口饰有格状纹的弯曲烟囱，同样的材料以后还要用来圈围它的宅子。我认识肾形蜾蠃是在被太阳灼焦的黏土质斜坡前，我

肾形蜾蠃

一会儿与教我拉丁语发音的鸡冠鸟聊天，一会儿同教会我耐心的狗说话，借此打发漫长的等待时光。我的那只狗那时正躲在树荫下，

肚子埋在潮湿的沙子里乘凉呢。肾形蜾蠃很罕见，我就在它的蜂巢里窥探它的"专有技术"，但它不经常回巢。现在每年春天，我都能在荒石园里的一条小径上，看到一个密集的蜂群。每次有什么工程要进行时，我都要用小标杆把胡蜂①的小镇给围起来，生怕有人不小心踩翻了这个精致的用土粒堆起来的烟囱。

第二种，阿尔卑斯蜾蠃，以采脂为职业。由于缺乏天赋，没有同行那样的挖土工具，所以它自己不挖洞，而是喜欢在空甲壳这种借来的宅子里筑巢。据我所知，森林蜗牛壳和发育得还很不完善的轧花蜗牛壳，是它仅有的寄居处，也是在石子堆下唯一适合它的居所。在7月和8月，它就在这些石子堆下与好斗黄斑蜂一起劳动。

由于蜗牛壳免除了艰苦的挖掘工作，它就专心致志于镶嵌。与善于挖掘的蜂儿的格状饰纹相比，它的艺术杰作更加精巧美观。它所用的材料，一部分很可能是采自刺桧的树脂，另一部分则是些小碎石子。它的方法与蛰居蜗牛壳中的那两种采脂蜂大相径庭。蜂房封盖的外面镶嵌着一块块棱角分明的大石子，体积不等，质地不一，有时还是半土质的。采脂蜂在这些石子上涂一层黏胶，用树脂涂层将石子蜂房的瑕疵掩盖起来。在封盖内面，胶黏剂没有把间隔填满，黏合起来的一块块石子歪歪斜斜，不规则地突起。我还记得，砾石是用来做房子的最后封盖的；分隔一间间蜂巢的墙完全是用树脂做的，不掺杂一颗矿物粒。

阿尔卑斯蜾蠃却采用另一种建筑方式，它通过更好地使用石头来节约树脂。在蜂房封盖外面，一些大小差不多的圆形硅质颗粒，一颗挨着一颗地排列在一层还黏糊糊的胶黏剂上。这些颗粒有大头

---

① 蜾蠃属胡蜂总科，可通称为胡蜂。——校注

针的头那样大，都是由这位昆虫艺术家从散在土中各种各样的碎渣中，一颗一颗挑选出来的。当作品成功地完成时，总是会使人联想起用钻石珠子粗略加工成的刺绣工艺品。蜗牛壳里的黄斑蜂是不讲究的粗工，它们能接受用口器找到的任何东西，比如有棱角的钙质碎片、硅质的砾石、贝壳的残片、坚硬的小土块；蜾蠃则较为挑剔，一般只用火石珠子镶嵌。这种对宝石的爱好，是否源自颗粒的耀眼、透明和光泽呢？蜾蠃是否对自己精美的宝石盒沾沾自喜呢？答案应该与那两种住在蜗牛壳里的采脂蜂，有时在盖子中间镶嵌小螺旋状圆花窗的道理一样，为什么不是呢？

　　不管怎样，这个珠宝爱好者对美丽的小石子的喜爱程度，已经到了无处不用的地步。把螺旋分成一个个房间的隔墙和蜂巢的封盖别无二致，在前面的墙壁上都镶嵌有透明的火石，因此，在蜗牛壳里就有三四个房间；而在螺尖里，最多只有两个。蜾蠃蜂巢虽然狭窄，但形状美观，防御坚固。

　　另外，防御设施并不只限于铺砌各式各样的屏障，把蜗牛壳放在耳旁摇晃，能够听见石块撞击发出的声音。蜾蠃确实像黄斑蜂一样非常善于修路障作为堡垒，我在蜗牛壳的侧壁上打开一个缺口，把活动的石子堆倒出来，石子堵住了最后一道隔墙和蜂巢封盖之间的门厅。有一个细节引起了我的注意：倒出来的东西并不是同质的，壳里虽然大多数是光滑的小石子，但还掺杂着大块的钙质碎片、碎贝壳片和土块。在选择用于镶嵌的火石时非常细心的蜾蠃，把随便拾得的碎片作为填塞料，那两种采脂蜂在用路障封蜗牛壳时也是这样做的。

　　为了保持叙事的严谨，我得补充一点：与黄斑蜂的行为相似，没有黏合的碎石堆不一定会出现。令我深深感到遗憾的是，我不能把阿尔卑斯蜾蠃的生平写得更多些。我很少看到这种昆虫，只是偶尔在冬天找到过它的巢。在石子堆里艰苦地搜寻这种蜂巢，冬季是唯一有利的季节。无论是在蜂巢还是在我的玻璃瓶中羽化的居民，我都非常熟悉，但我没有见过卵、幼虫和粮食。

作为补偿，我拥有了筑巢蜾蠃，它为我提供了所有我想知道的详细情况。筑巢蜾蠃和阿尔卑斯蜾蠃一样，不懂得如何盖房子，它们需要一应俱全的住宅。同壁蜂、切叶蜂和采绒毛的黄斑蜂一样，它也要一条圆筒形的长廊，长廊或者是天然的，或者是由掘土的昆虫挖成的。它的才能和石膏粉刷工的一样，善于把通道分隔开来，隔成一间间房间。

正是通过这三个种类的蜾蠃，我有机会认识到了这三种蜾蠃的习性，它们从事三种大为不同的职业：挖掘工、采脂工和粉刷工。在这三种行业的蜾蠃中，我看到了完全相同的工具，使我对最精微的放大镜也产生了强烈的不信任感，我怀疑它对我们所说的：由于某种器官的变化，迫使一种胡蜂在树脂底上铺砌石子面，迫使另一种胡蜂给地下坑道修筑带有格状饰纹的烟囱，还迫使别的什么胡蜂用泥墙分隔陌生的圆柱体。不，绝对不是。器官不决定功能，工具不造就工人。虽然使用类似的器具，但蜾蠃这个大家庭的成员所从事的，却是各不相同的工作。每一个类别都有特定的专有技术，是技艺命令工具，而非受命于工具。如果我没有检查整个蜾蠃种类，真不知道要等到哪一天才能得出这个结论！有多少行业的工具并不特别，正期待我们去了解啊！我想向有关人士建议，沿着这条道路继续研究下去，仅仅是为了将这个纷繁复杂的群体弄清楚些。我但愿，将来能根据职业对这个群体进行明白的分类。

我暂且把这些共性放到一边，先来看看筑巢蜾蠃的故事吧。我

对其私生活的了解，超过了任何膜翅目
昆虫。这些充足的信息，我将它归功于环
境，因为环境使由甜蜜回忆带来的事实的
价值倍增。好几次，我从条蜂陈旧的走廊
中抽出一串筑巢蜾蠃的蜂巢。我知道筑巢
蜾蠃的房子不是它用大颚挖掘出来的，它

1⅗

筑巢蜾蠃

的工作只限于筑隔墙；我认得它黄色的幼虫和细细的琥珀色茧；除
此之外，我便对它一无所知，直到收到女儿克莱尔寄给我的一个包
裹，里面装着许多段芦竹，令我欣喜若狂。

　　由于从小跟动物一起长大，这亲爱的孩子对我们以前在昆虫频
频光临的夜晚所做的谈话，还保留着深刻的记忆；她敏锐的目光可
以本能地从偶然的发现中，迅速挑出对我的昆虫学研究有所帮助的
东西来。她住在奥朗日的郊区，有一个乡村式的鸡棚，其中一部分
棚壁是沿水平线层层排列的芦竹。去年（1889）6月中旬左右，她
去鸡棚时注意到许多忙忙碌碌的胡蜂，钻进截去一段的芦竹丛中。
这些胡蜂出来的时候，都扛着土块或发臭的小虫子。事情露出了
端倪，希望在向我们微笑，于是我有了非常棒的研究题材。当天晚
上，我收到了一包芦竹和一封描述详细情形的信。

　　胡蜂，克莱尔这样称呼它，以前雷沃米尔在提到同种的某类蜂
儿时也这样称呼，但两者的习性却大不相同。克莱尔在信里告诉
我，胡蜂猎取一种身材矮胖、有黑点、散发着强烈的苦杏仁味的猎
物，囤积在蜂巢里。我告诉女儿，这种猎物是杨树叶甲的幼虫，
是鞘翅为红色的鞘翅目昆虫。如果把范围扩大一点儿，它属于瓢虫
类，是仁慈的上帝最普遍的生灵。叶甲和它的幼虫都生活在邻近的
几棵杨树上，把树叶啃得一塌糊涂。我还补充说，一个千载难逢的

良机到了，应该毫不犹豫地加以利用。因此，我给女儿发出了一连串指令，诸如监视这个，观察那个；随着芦竹里的居民越来越多，我还让女儿给我的昆虫实验室提供几段芦竹和载着幼虫的小树枝。于是，我和女儿就在奥朗日和塞里昂之间建立了一种合作关系，两方面观察到的情况互相补充，互相印证。

我们还是快点回到那包芦竹上来吧。第一次检查芦竹的情况，我非常满意。里面有些东西重新唤起了我早年的热情：蜂巢变成了装猎物的筐子，在食物旁的卵即将孵化，新生的幼虫吃第一口食物，幼虫开始长大，纺织工编织着它们的茧，一切都像我所希望的那样。除了我养在土堆里的土蜂之外，好运从来没有像这样降临到我的头上。现在我按照顺序，一项项来看看这些丰富的资料吧。

已经有许多寄生蜂向我们展示了昆虫是如何分辨住房、择良木而栖的。现在，这个捕猎幼虫的家伙效仿壁蜂、切叶蜂和采绒毛的黄斑蜂，把祖先的房子弃置不用，却使用已经由人的小枝剪准备好入口的圆柱形芦竹。人工切出的出口非常方便，优于质量不佳的天然切口。螟蠃最初的住宅是条蜂废弃的走廊，或者是由随便哪个昆虫挖掘工在地里挖的狭小肮脏的隐蔽所。沐浴在阳光下、毫无潮湿感的木质管道，最受蜂儿喜爱，一发现这样的管道，螟蠃就迫不及待地采用。芦竹做的长廊是极好的住宅，比别的都要优越；因为我从来没有在条蜂的墙壁前，发现过比奥朗日鸡棚里更密集的螟蠃群。

我将被入侵的芦竹水平放置，这也是蜂儿要求的条件，不过这仅仅是为了使由泥土、棉花、树叶圆垫这些透水材料堵起来的房门能挡雨。芦竹隧道的直径一般在10毫米左右，而蜂巢占据的长度则是变化多端的。有时螟蠃只占据小枝剪截过后留下的那一段竹节，长短则由碰上的竹节截面而定。不多的几间蜂巢挤满了可使用的空间，但是通常如果节间太短，不值得开发利用，蜾蠃就把底下的隔膜钻孔打通，给入口畅通的前厅再加上一段完整的竹节。在这样一个长度超过两分米的住宅里，蜂房的数目可以达到15个。

蜾蠃除去一层隔板来扩大住宅面积，由此可以看出它具有双重才能：粉刷匠和木匠的才能。另外，就像我们将要看到的那样，木工活对它来说也是非常有用的。三叉壁蜂是另一个喜欢在芦竹里安家的家伙，但它不是用简单的办法就可以获得深宅大院。无论那截芦竹多么短，我看见它总是把第一层隔膜留着不动，蜂巢就背靠着这层隔膜排列。它从不会开个洞穿过薄弱的屏障，当然，如果愿意，它是可以做到的；因为它羽化的时候，必须咬破蜂巢的天花板和最后的封盖，这都是些艰巨的工作。它的大颚上有足够锋利的工具，可惜它不知道在屏障的外面还有一条阴暗的长廊。既然蜾蠃并不清楚芦竹的来历，那么它又是如何得知壁蜂所不知道的事情的呢？何况壁蜂在使用芦竹方面还是它的前辈哩。

除了为扩大面积而切开隔膜这个创新之外，蜾蠃作为隔墙的粉刷匠和壁蜂倒是不分伯仲。这两种蜂儿的工作成果如此相似，如果仅仅检查它们的建筑物，人们会分不清房屋的主人是谁。在不均匀的间隔之间，两者都拥有着同样的隔墙，同样的细土垫圈，同样从灌溉渠或河岸边掘来的非常新鲜湿软的泥做的垫圈。从材料的外表看，蜾蠃的泥土似乎是从邻近的埃格河激流的两岸弄来的。

建筑物的身份只有在具体的细节中才能显现出来，这些细节，我首先是在壁蜂的特殊手法中发现的。我们回想一下它筑隔墙的奥秘吧。如果芦竹的直径不大，它就首先在蜂巢里储备食物，然后在前面竖一堵隔墙，用以划定蜂巢的范围。这堵隔墙是一气呵成的，中途没有丝毫停顿。如果芦竹确实有一定的容量，在给蜂巢储备食物之前，壁蜂就先着手造隔墙，同时在墙侧面钻一个孔，一个方便通行的天窗，从那里能更方便地卸下蜂蜜和存放蜂卵。螺赢和壁蜂一样，熟知我通过透明的玻璃观察到的这个天窗的秘密。在大的芦竹里，它同样发现，在放进猎物之前，先围住蜂巢是非常有利的；它用一扇小洞门关上蜂巢，从这扇门可以运送储备的食品和产的卵。当门里一切就绪时，它就用一个用浆状混合物做的塞子将天窗堵起来。

当然，不像我曾看见壁蜂在我的玻璃试管里干活那样，我并没有看见螺赢怎样修筑带小窗的隔墙，但是完工后的作品本身却明白地说明了它采用的方法。在小号的芦竹里，隔墙的中央并没有什么特别的东西；在大号的芦竹里，隔墙中央有一个用塞子堵住的圆洞，塞子由于向内突起而不同于其余部分，有时色彩也与众不同。显而易见，那些小的隔墙是一气呵成的，而大芦竹里的隔墙则是断断续续才完成的。

正如我所见到的那样，如果单单依靠住宅方面的资料，要想把螺赢的蜂巢和壁蜂的区分开来是十分困难的。然而，一个非常奇怪的特征，却可以不用剖开芦竹，便能使留神观察的眼睛知道住宅的主人是谁。壁蜂用与隔墙质地相同的泥土，做成厚实的塞子来关上家门，不用说，螺赢也不会不知道这种防御办法，它也将房门堵得很结实；但在壁蜂朴实的工艺基础上，螺赢运用了更加先进的手法。由于土质堵塞物的外部容易因冰冻和潮湿而变质，因此，它涂抹了厚厚一层泥土和碎木质纤维的混合物，好像我们在酒瓶盖上涂红色封蜡一样。

这些纤维和长期浸润在空气中的粗韧片纤维一样，我从中往往会看见取自经日晒雨淋而变质变白的芦竹。螺赢用它的长刨把芦竹刨成碎屑，然后咀嚼、弄碎。胡蜂和黄边胡蜂就是这样在变软坏死的木头上，获取做灰纸的原料。但是，芦竹的主人并无意将碎屑用于造纸，要把碎屑碾得如此细腻还早得很呢，它只满足于将它弄碎并筛选一下。和肥沃的湿软泥搅拌在一起的纤维是上好的柴泥，在抗碎方面比纯粹的泥土要强得多，因为里面的湿软泥的成分与隔墙和大门塞子的是一样的。这巧妙的涂层，效果十分显著，在恶劣的天气条件下使用了几个月之后，壁蜂那只有泥土的屋门已经破烂不堪，而蜾蠃的呢，由于在外面覆盖了一层纤维混合物，所以仍然毫发无损。我们把柴泥盖子这个发明专利记在蜾蠃的账上，然后再看看别的吧。

说完蜂巢之后，我再说说食物。蜾蠃家族只享用一种猎物：杨树叶甲的幼虫。春末，叶甲幼虫会与成虫一起，把杨树的树叶啃食殆尽。我觉得，猎物吸引蜾蠃的并不是外形，更不是气味。杨树叶甲幼虫是一种身材矮胖结实的蠕虫，肥肥的，皮肤光秃秃的，白白的肉色底上有一排排又黑又亮的点，特别是腹部，有十三行黑色的点，其中四行在背

2½

杨树叶甲

面，两侧各三行，腹面还有三行；背部四行排列的结构不同，正中的两行只是普通的黑点，侧面两行黑点呈圆锥状隆起，毛孔顶上有孔。除了最后两个体节，背面每节腹节都有一对小锥，后胸和中胸上也分别有一对小锥无序地隆起，而且比别的都大得多，总之，幼虫身上共有九对隆起的黑点。

如果有人惹恼了这家伙，从它身上的这些小火山口里，就会弯弯曲曲地涌出一种具有强烈的苦杏仁味，更确切地说，是硝基苯味道的乳白色液体，也就是通常所说的密化油，味道浓得呛人。喷射

化学药水是一种防御的方法，只要用一根麦秸搔搔它的痒或用镊子抓住它的足，那18个油瓶就会立即发射，摆弄它的手指会变得恶臭难闻，只好恶心地扔掉这只散发臭味的虫子。假如它想要跳到人身上，用那九对裹硝基苯的蒸馏器使人嫌恶，我得承认，它将会很成功地达到目的。

然而，人类是它最不用担心的敌人，蜾蠃才是可怕的，它会不顾药水的喷射，抓住叶甲幼虫脖子皮上的香水喷雾器，然后用针刺几下就让它蜷成一团。所以，叶甲幼虫首先要防备的是这个恶棍，然而，这可怜的虫子却没有什么好办法。鉴于猎人只喜欢吃这种猎物，我只能相信，在蜾蠃看来，叶甲幼虫的药水闻起来美味非凡，防御的体液变成了致命的诱饵。别的保护手段也是如此，每一个有利之处都不免对应着不利的另一面。

我不记得在哪里读到过，有关一种南美苦蝶和其他没有苦味的蝴蝶的故事。苦蝶由于带苦味而受到鸟类的尊敬，普通蝴蝶却成了鸟儿热衷的美食。这些受迫害者到底做错了什么呢？它们虽然没能得到难闻的苦味，但至少模仿了外形和颜色花纹，我想鸟儿还是曾经被这种伪装欺骗过。

这是为了生存而改变外形的一个鲜活例子。由于我一向对这类美丽的臆想故事本身并没有什么兴趣，所以我只能凭着模糊的记忆把事情复述一个大概。苦蝶的确是由于它的味道才逃脱灭顶之灾的吗？在鸟儿中，有没有喜欢苦味的呢？对于喜欢苦味的鸟儿来说，用于防御的味道是不是反而更具有诱惑力？我也没有从种在荒石园的小石子地上的巴西苏铁中得到什么启发；然而我在那里发现了一种虫子，它虽然有讨厌的味道，散发令人作呕的气味，却跟别的虫子一样，仍有被它吸引甚至更加狂热的天敌。如果说为了生存而奋斗使它得到了药水瓶，那这种奋斗真是愚蠢！虫子不应该带香水瓶，这样它就能避开最可怕的敌人蝾螈，这个敌人正是被气味所吸引的。

没有苦味的蝴蝶给我上了另一课，为了躲避鸟儿，它们披上了和苦蝶相似的外衣。呵，谁能好心地告诉我们，为什么在这么多光溜溜的、小鸟视为美味佳肴的幼虫中，竟然没有一个敢穿上带有叶甲式黑色纽扣的外衣？就算没有发臭的瓶子，它们至少也应该具备可以令其天敌厌恶的外表。无知的小东西！它们居然没有想到过用拟态来保护自己！然而，我们不要去责备它们，这不是它们的过错。它们就是它们，没有哪只鸟喙能够改变它们的外貌。

叶甲幼虫用于防御的液体具有汽油的特性，能在纸上染出透明的印迹，蒸发后会消失。这种液体呈乳白色，有令人讨厌的气味，很像实验室的硝基苯。如果不是缺乏时间和工具，我会很乐意对这种独特的动物化学产品进行一番研究。我相信，这种液体可以像蝾螈和蟾蜍的乳状分泌物一样，用试剂加以研究。不过，我还是把这个问题留给化学家们吧。

除了这18个油瓶外，叶甲幼虫还有另一种保护装置，既可以用于防御，同时也能用于运动。幼虫可以随意地将肠尾鼓成琥珀色的大囊泡，渗出一种无色或浅黄色的液体。要辨别出液体的气味非常困难，因为我用于收集液体的细纸带，总是由于接触到虫子而受到污染变臭。但是我坚信，我从中闻到了微弱的硝基苯味。在背囊的分泌物和肠囊泡的分泌物之间，是否存在某种联系呢？很有可能，我猜想其中还有些特殊的功效，蝾螈作为对此了解甚详的专家，将告诉我们它有多么欣赏这种液体。

等待来自猎人的证据时，我证实了虫子会使用肛门囊泡帮助成长。由于足太短，所以叶甲幼虫是个操纵囊泡的双腿残疾者。我还证实了，幼虫化蛹时是以肛门固定在杨树叶上，这个细节的意义会在适当的时候表现出来。化蛹时，幼虫的皮完整地向后褪，蛹就半包裹在蜕卜的皮中。到了破茧的时候，成虫挣脱了枷锁，而两件旧衣服，一件半裹着另一件，由肛门固定在树叶上。蛹期大约为12天。我似乎没有理由再在叶甲幼虫身上浪费时间，我该说的不该超过蜾蠃的故事。

蜾蠃的猎物在阳光下啃食杨树叶，我看着叶甲幼虫被放进蜾蠃的储藏室里，我计算了一截芦竹里的房间数，里面有17间屋子，装满或差不多装满了粮食，其中有些存放着卵，其余的则住着刚刚孵化、才吃一口食物的幼虫。在供给最充足的房间里堆着10条虫子，最差的房间里只有3条。我还发现，越是上面的楼层粮食越少，越是下面粮食越充足，但没有十分明确的递进规则。这可能与雌雄两性不同的食量有关：雄蜂的身材较小，比较早熟，它们居住在上面的房间，吃得不多；雌蜂更为健壮晚熟，它们住在下面，享用丰盛的饭菜。我认为，粮食数量变化的另一个因素，可能是猎物个头的大小、肉质嫩还是老、肉多或少。

猎物不论大小，都是完全不能动的，我用放大镜观察不到猎物触角的摆动、跗节的微颤、腹部的搏动，这些是捕食性膜翅目昆虫的受害者最常见的生理现象。什么都没有，总是什么迹象都没有，被蜾蠃螫伤的幼虫果真死了吗？储备的食物真是尸体吗？根本不是，虽然叶甲幼虫纹丝不动，但并不能排除一息尚存的可能性，下面的证据着实令人吃惊。

首先，我逐一检查那捆芦竹里的蜂巢，我发现已经完全老熟的大个幼虫，尾部经常与房间的墙壁相连。这个细节的意义十分明显，叶甲幼虫是在化蛹期临近时被捕获的，它虽然被螫针刺伤，但仍然做了习惯性的准备工作。它牢牢地倒挂在毗邻的支撑物，不管是土隔墙还是芦竹管壁上，就跟固定在杨树上一样。它的外表是如此的精神，肛门的连接是如此的准确，使我燃起了希望，希望看到它被刺伤的皮肤裂开、化成蛹。我的希望并没有丝毫的夸张，而是建立在事实的基础上的。这些事实的奇怪程度，并不亚于我后面将要叙述的事情。但是，事情的发展并未回应我几乎信以为真的希望，当我把叶甲幼虫从尸体堆里连同支撑点一起抽出，安置在安全的地方后，没有一只为了化蛹而固定住的幼虫，做了准备工作之外的事情。然而这个行为已经足够说明问题，它告诉我们，既然虫子还有力气对变态做必要的准备，那么，幼虫体内的确还有剩余的生命力，暗中维持生机。

另一个现象也否定了蜾蠃储备的食物是尸体的可能性。我把12只从蜾蠃的仓库里取出的叶甲幼虫，放入玻璃试管中，并盖上棉花塞子。幼虫还保持着新鲜，皮肤白中泛淡玫瑰色，说明还存在潜在的生命，死亡及腐败的信号就是虫子变成褐色。18天以后，一只虫子开始变成褐色，31天后，另一只被确认死亡；44天后，六只还是胖乎乎、鲜活的。最后一只虫子保持健康达两个月之久，从6月16日一直坚持到8月15日。而如果使用二氧化碳，会使没有受伤的幼虫真正死亡，没有几天就会变成褐色。

正如我的预料，筑巢蜾蠃产卵的特点与肾形蜾蠃完全一样。我再一次发现了蜾蠃奇怪的产卵方法，心里乐滋滋的。筑巢蜾蠃首先将卵产在屋子的最深处，然后按照捕猎的顺序堆放粮食，那么，幼虫就会按照从最旧的到最新的顺序消耗粮食。

我坚持要弄清楚卵是否呈钟摆状，如我从黑胡蜂和肾形蜾蠃那里看到的那样，卵的一端被一根细丝悬吊在蜂巢上。我确信，与肾形蜾蠃同属的蜂卵，能够适应细丝悬挂；但我担心从奥朗日长途跋涉而来，车子的颠簸会打断这个娇弱的挂钟。我至今还记得，当我把屋顶摇挂着肾形蜾蠃卵的蜂巢搬出来时，我是多么担心，又多么小心啊。对所载负的珍贵东西一无所知的车子，可能会把一切都打乱。

然而事情并非这样，令我异常吃惊。在大多数比较新的蜂巢里，我发现卵都好好地悬吊着，时而在芦竹的拱顶，时而在隔墙较高的一边。悬吊细丝勉强可见，长约一毫米。卵呈圆柱体，大约有三毫米长。我将芦竹放在玻璃试管里，能够目击孵化的全过程。孵化一般在蜂巢关闭的三天后开始，在产卵后的第四天可能性最高。

新生的小虫头朝下，整个都钻在卵膜的鞘里。它在里面非常缓慢地蠕动，悬吊的细丝也随之伸长，悬挂端的起点线很细，卵开始蜕皮的那一头则粗得多。小虫的头碰到了旁边的猎物，于是柔弱的新生命开始了第一口进食。如果有什么东西晃动，比如我摇芦竹，它就会松口并往卵鞘里缩进一点儿；然后，当它放下心时，又再蠕动，重新开始咬已经啃啮的部分。有时候，它对晃动置之不理。新生幼虫悬吊在细丝上，要持续大约24个小时；之后，精神稍微振作些的小虫，就要脱离悬丝着地，开始正常的生活。食物能供应它12天左右，接着它必须立刻结茧，然后在茧里面保持黄色幼虫的状态，直到第二年的5月。追踪蜾蠃捕猎及织茧的生活非常枯燥乏味，而且吃硝基苯那种口味极其辛辣的菜、编织茧这种琥珀色的精细织物，都没有什么值得一提的不寻常之处。

在中断这个话题之前，我将对悬卵并联系胚胎形成的问题做一个说明。任何圆柱形的昆虫卵都有两端——前端和后端，即头和尾，那么，幼虫是从哪一端孵出的呢？

"从后端"，黑胡蜂和蜾蠃对我们如是说。卵被固定在蜂巢壁上的那一端，很显然是产卵管的第一个出口，因为把卵扔在空中之前，蜂妈妈必须先把用于悬挂的细丝粘在某处。由于卵巢管和产卵管太窄，卵无法翻转，于是尾部那一端就先滑出。新生的幼虫由于和胚胎处于一个方向，所以悬挂在细丝末梢，摆出尾部向上、脑袋冲下的样子。

"从前端"，轮到土蜂、飞蝗泥蜂、砂泥蜂和所有将卵固定在猎物身上的捕猎性蜂类时，它们都是这样回答的。确实，它们的卵总是以头部一端与由蜂妈妈谨慎地挑选出的固着点相连，因为保护新生儿和保存粮食都要求在那里，而且幼虫只在那里开始进食。出于同样的理由，固定在猎物上的那一端，必须先于另一端孵化。

两个相反的证据都同样真实，所以，根据其端点是连接到蜂巢的墙壁上，还是远远地连接在另一个支点上，蜂卵就以前端或者后端实现生命的俯冲；那么，这就要求两种卵在卵巢管和产卵管中必须处于相反的方向。只有这样，初生小虫的颚下才会总有食物，即使它毫无经验，还不会寻找摆在面前的食物，也不至于饿死，这就是问题的关键。我希望胚胎学家能抛开一切命运注定论，只在原生质能量的帮助下解决这一问题。

从蜾蠃的家庭私生活中认识它还不够，重要的是，我还必须在捕猎活动中观察它。它是怎样捕获猎物的呢？它是怎样让猎物在死亡般的麻痹状态中仍然保持新鲜的？它的外科方法是什么？由于目前我在附近没有发现这个叶甲迫害者的领地，所以就向克莱尔提出这个问题。她的条件得天独厚，每天都和鸡窝打交道，那里有许多可供研究的难忘的事情发生；而且最重要的是，我知道她有敏锐的观察力和帮助我的诚意。她热情地接受了这项苦差事。如果可能，我这边应该尝试观察被捉住的螺赢。由于螺赢捕猎在瞬间就完成了，很可能造成疑惑，所以，为了使我们对事情的评估不相互影响，我们必须对各自的结果保密，直到双方都确信无疑。

受过良好的跟踪训练的克莱尔开始行动了，在埃格河的岸边，她很快就发现了载着叶甲幼虫的杨树。远处，一只螺赢突然出现，扑向一片树叶，然后足间带着俘虏而归。但是事情发生的地方太高，不可能对这场发生在祭司和牺牲者之间的纠纷进行确切的审查；此外，有利于螺赢捕猎的树太多，它什么时候出现在克莱尔监视的那棵树上很难确定，会让人失去耐心的。由于执着于观察、学习和帮助我，我热心的合作者居然想出一个巧妙的法子。她把一棵满是叶甲幼虫的小杨树连根带泥一块儿拔起，在拔和运的时候，她极其小心谨慎，以免将幼虫群摇落下来。事情进行得如此顺利，杨树一路毫无阻碍地被运到了鸡棚前，正对着螺赢居住的芦竹，然后，她将杨树重新植入土中。重新种植并没有太大意义，小树只要在充分的浇灌下，保持几天的新鲜就行了。

观察哨所落成了，克莱尔隐蔽在杨树旁的树枝中监视，杨树的每一片叶子都在她的视线里。早上，她密切注视着；热浪袭来时，她密切注视着；下午，她还是密切注视着。第二天，她又重新开始，第三天继续，周而复始，直至幸运向她微笑。神圣的耐心啊，有什么是你力所不能及的啊！飞向幼虫的螺赢群，回来时因为嗅到了硝基苯的味道，发现了这棵布满野味的杨树。既然门前堆满了财富，何必长途跋涉呢？于是，螺赢疯狂地搜寻小杨树，毫不犹豫地展示出了捕猎手法的奥秘，克莱尔一遍又一遍地观看用螫针进行的屠杀。但是，为了我们共同的好奇心得到满足，她付出了昂贵的代价。由于太阳的暴晒，之后好几天，她都待在房间里出不了门。

然而，她早已准备好了接受不幸的遭遇，有我做榜样，她清楚地知道，这是在无情的太阳底下进行观察所必得的"好处"，但愿对科学的颂扬能对头痛做出一点儿补偿！她观察得出的结果和我的完全吻合，我将以叙述我的所见将之公诸于世。

当装着蜾蠃的芦竹送到我手上时，我正忙于研究一个很有意思的问题，我将在另一章详细说明。我试图在我的昆虫实验室里，把各种不同的膜翅目昆虫放在钟形罩下进行实验。这些膜翅目昆虫的猎物种类我都知道，我可以观察螫针蜇刺的确切位置。当我将俘虏与它们的猎物放在一起时，大多数俘虏都不愿意使出螫针；不过有些则对是否自由捕猎不那么在意，接受了我提供的食物，在我放大镜下蜇起来。为什么筑巢蜾蠃不在这些勇敢者之列呢？

这个问题需要用实验来回答。我备有充足的来自奥朗日的叶甲幼虫，为了研究它们的变态和香水喷雾器，我把它们养在金属钟形网罩下。我手头有猎物，但没有捕猎者，要去哪里弄呢？我只有求助于克莱尔，而她也正急于给我寄来。材料有了，我却下不了决心使用，我担心昆虫到我手上时，已经因为车子的颠簸和被俘的时间太长而受到损伤。几乎可以肯定，或者由于疲惫，或者由于厌倦，面对叶甲幼虫它会觉得无所谓。我希望情况更好，我希望能在蜾蠃精神饱满、状态良好的时候捕捉到它。

在我家门口有一块东方茴香地，茴香是制造声名狼藉的苦艾酒的原料。在它的伞形花序上，聚集着大群的胡蜂、蜜蜂和各种飞虫。我拿着网去看看，真是宾客云集！我在席间的歌声、嗡嗡声和叽叽声中，细看这一行行的作物。上帝保佑，我找到了蜾蠃。我抓住了一只、两只、六只，马上急急忙忙地赶回实验室。我碰上的好运超过了我的期望，那六个俘虏属于筑巢蜾蠃，而且六只都是雌性。任何醉心于某个问题，突然间找到解题所必需的数据的人，一定能理解我的兴奋。然而，当时的喜悦仍难掩隐忧，谁知道捕猎者和猎物会怎么样呢？我把一只蝾赢和一只叶甲幼虫移到钟形罩下，为了激起刺客的热情，找把玻璃牢笼暴露在阳光下。下面是这场悲剧的详细报告。

在整整一刻钟里，我的俘虏一直沿着钟形罩壁攀缘，掉下，再爬，寻找一条可以逃走的出路，似乎对猎物毫无兴趣。当我对成功已经失去希望的时候，猎人突然扑向叶甲幼虫，把它掀翻使肚子朝上，然后紧紧抱住它，对准胸部狠狠蜇了三下，特别是在颈下针扎得更久。被抱住的可怜虫竭力反抗，倾囊分泌的汁水沾满了全身；但这种防御策略毫不奏效，蝾赢对惑人的香味无动于衷，照样准确地挥舞手术刀，好像病人是没有气味的。螯针三次出击，扎在幼虫胸口的三个节上，以此击垮它的神经中枢。随后我又用别的蝾赢重新实验，很少有猎手拒绝进攻，而且每次都是刺三针，在颈下持续的时间特别长。这就是我在人工条件下看到的情况。至于克莱尔那边，在自然条件下，在野外，在移植的杨树上，她观察到的也是这样。两个合作者真是殊途同归。

手术进行得很迅速，接着，蝾赢一边肚子贴肚子拖它的猎物，一边久久地咬住猎物的脖子，却没有留下一点儿伤口。这个举动很可能跟朗格多克飞蝗泥蜂和毛刺砂泥蜂的蜇刺道理是一样的，为了麻痹距螽和黄地老虎幼虫的颈神经节，猎手不杀死猎物，只是轻轻咬它们的颈部。我当然把这些瘫痪的幼虫抢了过来，除了足微颤几下，殉难者没有一点儿生气。然而它并没有死，我已经提供了有关的证据，这种无声的生命力是以另一种方式表现出来的，在连续昏迷的头几天中，不时有粪便排出体外，直至肠子被清空。

当我重复实验时，我目睹了一件事情，它是如此奇特，一开始便使我迷失了方向。这次猎物被猎手从尾部抓住，身体的最后几节被针刺了好几下。这个反常规的手术，是在尾部的体节做的，而不是在胸部。一般的情况下，外科大夫和病人是头顶着头，现在方向却相反。是不是由于不小心，手术师把虫子的两头混淆了，把肚子末端当作颈部来刺了呢？有一阵我是这样以为的，但我立刻走出了误区，本能不会犯这样的错误。

的确，针刺之后，螵蛸紧紧抱住幼虫，开始大口大口慢慢地从背部吸吮最后的三节。它吸吮的时候，那贪婪暴露无遗，嘴的每块肌肉都活跃起来，好像是在享用一道精致的菜肴。被活生生吸吮的小虫绝望地摆动短腿，但并没有使它逃脱在后面被针刺的命运；它拼命挣扎，用头和双颚进行反抗。可是，对方对此并不在意，继续吸吮小虫的尾部。就这样持续了10分钟、15分钟，然后这个强盗放开了痛苦的家伙，把它扔在一边，再也不管它了，不像要捕捉一只带回巢的猎物，一定要把它一块带走。不一会儿，螵蛸开始舔足，好像刚刚用完精美的甜食；它一遍遍地刷两颚，做离开餐桌的洗漱工作。它到底吃了些什么呢？我必须检查一下这位榨尾汁的美食家。

只要稍微耐心些，我那六个阶下囚还是非常乐于合作的。它们轮流摆弄叶甲幼虫，一会儿像对待捕回家的猎物似的从前面摆弄，一会儿又像对待自己的零食一样从后面摆弄。即使我用滴在薰衣草穗上的蜜汁喂它们，也没有令它们忘掉那残忍的筵席。捕猎手法大体上相同，细节却变化多端，猎物幼虫总是从尾部被抓住，而螫针在腹面一针针往上刺。有时只有腹部被刺到，有时还殃及胸部，使被害者丝毫不能动弹。显然，这样的刺法并非想让幼虫动弹不了，因为只要螫针不扎到腹部以上的部位，即使遍体鳞伤，幼虫还是可以自由地小步爬行的。只有对即将放进蜂巢里储存起来的粮食，螺赢才会使它们完全失去活动能力，如果是为了自己而不是为了子女捕食，那么它所觊觎的美餐是否活蹦乱跳就无关紧要。只要所要享用的那部分瘫痪，能排除一切抵抗就行。此外，把幼虫弄瘫也不是很重要，每只螺赢都会按照自己的喜好，或者蜇得靠前靠后些，并没有固定的规则。当酒足饭饱的螺赢松开幼虫时，这只屁股被咬过的虫子，要不就像蜂巢里的同胞一样纹丝不动，要不几乎就跟没受过伤的虫子一样行动自如，区别仅在于支撑双腿残疾者的肛门囊泡缺损了。

我检查了这些残废者，它们的肛门囊泡已经消失，即使我用手指挤压腹部末端也无法重现。另外，在肛门囊泡处，我从放大镜里看到了一些被扯破、开裂的组织，肠尾被撕成碎片，四周都是青肿、瘀斑，但没有大的伤口，说明螺赢痛饮的是肛门囊泡里的东西。当它吸最后两三节时，就如同在给虫子挤奶；螺赢用挤压法使直肠液涌向肛门囊泡，然后再剖腹舔食其中的美味；腹部的瘫痪非常便于挤压。

这种体液究竟是什么呢？是某种特殊的产物，还是某种硝基苯混合物？我不能肯定，我只知道昆虫以此作为防御手段。一旦陷入恐慌，它就会分泌体液来惹厌进攻者。香水瓶中的水滴一渗出，肛门的蓄水池就立即开始运作，对这招致杀身之祸的保护手段，我能说些什么呢？天真的家伙们，知道这些之后，你们还要使自己发出臭味，分泌汁液使自己变苦吗？你们原先并没有苦味的呀！你们终究会遇到要咬碎你们的天敌——一个要把你们的小屁股一口一口咬下来，做成杏仁小甜糕的大行家。这是我给南美苦蝶的忠告。

在告诉大家肢体惨遭伤害的叶甲幼虫的结局之前，我不会结束这个悲惨的故事。由于胸部受伤而导致彻底瘫痪的幼虫，不能告诉我们什么，我在观察捕回蜂巢的幼虫时已知道，因此我打算先考虑，虫子只在腹部末端被蜇三四下会怎么样。当蜾蠃贪婪地咀嚼幼虫身体的最后三节，并掏空肠子末端将之抛弃时，我把幼虫夺了过来；这时，肠尾的运动和防御囊泡已经消失，被挫伤的三节体节布满了难看的色斑，却发现不了一丁点的皮肤破裂。由于腹部瘫痪了，虫子再也不能使用肛门的杠杆来蠕动，但它的足活动自如，所以虫子就靠脚来行动。它匍匐在地，缓慢地爬行，前进所用的力气恰如其分，身体后部似乎毫不费力；它的头部也在摇摆，嘴像往常一样紧闭。如果不考虑腹部的瘫痪和直肠的残缺，这完全是一条充满生命力、安静地啃咬杨树叶的虫子。这就是这个法则的绝佳证明，某些执拗的反对论点必当在此受挫。这个法则就是：至少刚开始时，蜇针只在蜇到的地方才见效；因为针刺在腹部的神经中枢，所以腹部就瘫痪，由于针没有刺到胸口，所以足和头就能活动。

手术过了五个钟头后，我重新检查这些虫子。它们的后足直哆嗦，再也不能用来运动了，瘫痪征服了它们。第二天，有一半幼虫已经疲软无力，但头和前足还能动；第三天，除了头部，周身都动弹不了啦；第四天，虫子终于死了，真正地死去了，身体缩成一团，干瘪，发黑。而胸部被刺、将被带回蜂巢储存起来的幼虫，却能在几个星期甚至几个月中，保持丰满和鲜艳的色泽。幼虫是死于扎在肚子上的蜇针吗？我想不是，因为其他被针扎在胸口上的虫子并没有死，杀死它的是蜾蠃无情的大颚而不是蜇针。既然腹部末端在大颚下被压得粉碎，肠囊泡也被清除了，幼虫就不可能再有生还的希望。

第十一章 🐝 大头泥蜂

在膜翅目昆虫中，有一种既热衷于采集花蜜，同时为了生存也捕猎少许猎物；遇见它们的确值得研究一番。如果说幼虫的储存库里堆满了猎物是很自然的，但是如果供食者的食谱以蜜为主，同时又猎取一定的猎物，就让人不大理解了。我十分惊讶地发现，吸食花蜜的居然也饮食动物的血肉，但要说它们真的有两种食谱，还不如说只是表面看起来如此，因为装满了蜜糖汁的蜜囊是无法盛装动物脂肪的。蜾蠃咬开猎物的尾部以后，就对猎物的肉体不屑一顾，因为不合它的口味，它只是舔食虫体肠子末端分泌出的具有防卫作用的液体。这种液体对于它来说，大概是一种美味的饮料，不时被作为吸食完花蜜之后的甜点，或者是鲜美的佐料，或者是花蜜的某种替代品，谁知道呢？虽然我不知道这种佳肴如何美味，但至少我看到蜾蠃对其他东西没有如此垂涎。一旦腹腔被吸空，猎物就被当作毫无价值的废物丢弃，这可是素食昆虫的显著特征。那么，叶甲幼虫的追捕者就不可能有令人惊讶的恶习，不可能有明显的双重食谱。

我寻思，除了蜾蠃以外，是否还有其他昆虫像它那样，为了家小不得不捕猎，或直接从中得利。它撕裂猎物尾部喷雾器的掠夺手段，实在太过分，所以，没有太多的追随者；再说，这种方法对于其他的猎物是行不通的。我观察，不同的昆虫使用这种方法的方式并非千篇一律，举个例子吧，如果刚被螫针扎到的猎物腹中也有美味的汁液，为什么捕食者不强迫垂死的猎物吐出腹中的甜浆，这样也不会破坏食物的美味呀？我想，应该也有一些抢劫尸体的昆虫，并非喜爱肉食，只不过想舔食蜜囊中美味的汁液。

实际上，这样的昆虫很多，我首先列举蜜蜂的捕猎者大头泥蜂。我多次撞见大头泥蜂在贪婪地舔吮蜜蜂沾满花蜜的嘴；我一直在思忖，大头泥蜂这样捕猎并不单纯为了它的子女们，也可能同时为了自己。推测需要实验来证

1¼

大头泥蜂

实，而且，另一项研究也可以同时进行，因此，我想利用便利的条件，研究大头泥蜂。

为了研究大头泥蜂，我将它放在钟形罩内进行观察，正如研究蝶蠃那样。正是用这种方法观察，我获得了蜜蜂捕猎者的原始素材。它兴致勃勃地满足我的愿望，我相信自己掌握了一种独一无二的方法，可以一遍又一遍地观察，这成果即使是现场观察也来之不易啊！研究大头泥蜂所取得的初步成果预示，结果将大大超出我的期望！然而，不要过早妄下结论，我还是先把捕猎者和它的猎物一起放到钟形玻璃罩下进行观察吧。观察者若对膜翅目昆虫螫针娴熟的刀法有兴趣，我向他推荐这种实验。实验中没有影响结果的不确定因素，也无须长时间地等待，一旦猎物暴露在有利于捕猎者的攻击位置，凶恶的捕猎者便会冲过去，一口将猎物咬死。我下面将告诉你，事情是如何发生的。

我将一只大头泥蜂和两三只蜜蜂盖在钟形玻璃罩里，它们可以在垂直而光滑的罩壁上随意爬行。囚徒们沿着罩壁向着光线的方向攀缘，企图寻路而逃，但它们爬上来又落下去。片刻之后，它们安静了下来。捕猎者开始环视四周，触角伸向前方，打探情况；前足伸直，跗节因贪婪而微微地抖动；头忽而左转，忽而右转，注视蜜

蜂在钟形玻璃罩上的情况。这个坏蛋的姿势给人留下了深刻的印象，我从中能感受到它伏击猎物的强烈欲望，和行动之中诡谲的等待。终于，它做出了选择，向猎物冲过去。

一番你来我往，两只昆虫滚作一团，很快混乱的局面平息下来，凶手逐渐控制住了猎物。我观察到它采取了两种手段，第一种比较常见，蜜蜂仰面躺在地上，大头泥蜂与蜜蜂面对面，一边用六足将其箍住，一边用大颚猛咬蜜蜂的颈部。大头泥蜂的腹部顺着猎物的腹面，从后向前纵向弯曲，寻找下针点，略微摸索之后，终于绕到蜜蜂的颈部下方，把螫针刺入蜜蜂的颈部，停留一会儿，一切都结束了。然而，凶手并没有放开猎物，仍然紧紧箍住，然后将蜷曲的腹部平直放松，贴在蜜蜂的腹部上。

第二种方法就是大头泥蜂直立进行攻击，以后足和折叠的翅膀缘为支撑，骄傲地站直身子，用前面四只足箍住蜜蜂，与它面对面。为了寻找一个实施致命一击的有利位置，大头泥蜂用粗鲁而笨拙的动作来回翻动可怜的小蜜蜂，就像小孩摆弄洋娃娃一样。找到部位后，大头泥蜂便用后足的一对跗节和翅缘牢固地支撑在地上，由下向上蜷起腹部，将螫针螫入蜜蜂的颈部。大头泥蜂捕猎时，姿势之独特，超过了至今我所看到过的其他一切昆虫。

研究自然现象也有其残酷性，为了准确地分辨出大头泥蜂螫针所刺的部位，为了更深刻地了解凶手恐怖的捕猎才能，我又在钟形罩下策划了一定数量的凶杀案，次数之多，忏悔时我都不敢提及。但无一例外地，我观察到，大头泥蜂的螫针总是螫向蜜蜂的颈部。在最后致命一击的准备过程中，虽然大头泥蜂腹部的末端可以支撑到胸部，可它从不在这些部位停留，不螫这些部位，仿佛因为控制这些部位太容易。一旦投入捕猎战斗，大头泥蜂就极为专注，我能够揭开钟形罩，用放大镜观察悲剧的全部情节。

我观察到，伤口总是在同一位置，于是我便剖开蜜蜂的头部，在颚下发现了一个小白点，大约只有一平方毫米大小。那里没有角质层的保护，露出了细嫩的皮肤，正是从这个没有角质保护的弱点，大头泥蜂的螫针插入了蜜蜂体内。为什么是这一点，而非其他部位被戳中？这个点是唯一脆弱的部位，所以螫针不得不从此插入吗？对于那些持这种疑问的人，我建议他剖开蜜蜂胸部的关节，从第一对足的基节窝剖开，将会看到我所观察到的情况：皮肤赤裸，同颈部下方的皮肤一样细腻，而且没有角质保护的缺口比螫针刺入的部位更大些。如果大头泥蜂的攻击原则是攻击弱点，那么它应该攻击此处，无须固执地寻找蜜蜂颈部那个不起眼的小点。螫针毫不犹豫地寻找，显然，刺入肉体的通道一开始便已经确定。不，螫针的攻击并不是生硬的机械行为，凶手对胸部大面积的破绽不屑一顾，而宁愿攻击颈部的细小破绽，是出于高级逻辑的动机，我将努力寻找答案。

每当蜜蜂受到攻击时，我便将它从大头泥蜂的魔掌中解救出来。蜜蜂的触角和口器所表现出来的突然呆滞，令我感到震惊，大多数猎物的这些器官是要挣扎很久的，而在这里，没有任何我以往在麻痹者研究中所熟识的生命迹象：触角轻微地颤动，大颚一开一合的状态持续数日、数周乃至数月。蜜蜂最多不过是跗节蹬动一两分钟，这完全是临死前的挣扎，然后完全安静下来。这种突然的呆滞表明，大头泥蜂刺伤了蜜蜂颈部的神经节，因此头部所有的器官都突然停止活动；蜜蜂实际上已经死亡，而非只是表面上的死亡。可见，大头泥蜂是一个凶手，而不是麻醉专家。

第一个步骤已经完成，凶手选择颈部作为攻击点，是为了直接攻击对方主要的神经中枢，破坏头部的神经节，从而达到一击致命的目的。生命之灶中了毒，死神便突然降临。如果大头泥蜂的目的仅仅是麻醉对方，使其丧失活动能力，它就可以将螯针蜇入蜜蜂胸部缺乏保护之处，如同节腹泥蜂对付象虫一样，蜜蜂不像象虫那样有角质膜保护。但是，大头泥蜂的目的是完全杀死对方，关于这一点，它马上就会告诉我们。它想要的是一具尸体，而不是被麻痹的猎物。我不得不承认，大头泥蜂的攻击手段极为精妙，在凶杀案调查研究中，我还未发现如此迅速的杀人方法。

我还得承认，大头泥蜂的攻击姿势与其他靠麻醉方法捕获猎物的昆虫不同，对于致猎物于死地绝对有效。无论是卧在地上还是直立地攻击猎物，它总是将蜜蜂擒在自己面前，胸对着胸，头顶着头。摆出这样的姿势后，它只须将腹部蜷曲便足以达到蜜蜂颈部的攻击点，然后将螯针自下而上地斜着蜇入猎物的颈部。如果大头泥蜂反向箍住猎物，假设螯针反方向斜着蜇入，那么结局将完全不同。螯针自上而下从胸部第一神经节蜇入，猎物的身体只会局部麻痹。这是一种怎样的艺术，竟如此屠杀一只可怜的小蜜蜂！自下而上蜇入猎物颈部，这可怕的一击，大头泥蜂是从哪一家剑馆里学到的？

如果说大头泥蜂这一手是学来的，那么作为牺牲者的蜜蜂，这种精通建筑学和极富群体精神的昆虫，怎会不具备任何自我保护的手段呢？蜜蜂同它的敌人一样凶猛，一样拥有锋利的长剑，甚至更令人生畏，更具有杀伤力，至少我是这样认为的。多少个世纪以来，大头泥蜂将蜜蜂作为猎物装进自己的储藏室；无辜者却任由捕杀，其种族每年所遭受的屠杀，竟然没能教会它们怎样从侵略者熟练的一击中逃脱出来。当进攻比自己武装更完备、不比自己弱小且会用螫针乱刺的对手时，大头泥蜂是如何掌握那致命一击的技术的呢？我并不奢望有朝一日会明白其中的原委。如果说一方能通过反复练习掌握攻击手段，那么另一方也应该能够通过反复练习学会防守的技能，因为进攻和防守在生存斗争中是同等重要的。在今天的理论家中，是否会有一位杰出者将告诉我们谜底呢？

那时，我会抓住机会向他提出另一个令我困惑的现象：蜜蜂在面对大头泥蜂时，表现得很不在意，更严重的是，它面对大头泥蜂时相当愚笨。人们很自然地会设想，受害者受家族悲剧的逐渐影响，在捕猎者靠近时会露出不安，至少有逃避的企图。但在观察罩中，我并没有看到类似的反应。除了刚刚被囚入玻璃杯或钟形罩下时的不安以外，蜜蜂对身边那令人生畏的邻居没有表现出多少不安的情绪。我无意中看到，蜜蜂竟与大头泥蜂在同一朵菊花上肩并肩，凶手和它所要杀害的目标竟在同一水槽中饮水。我还观察到，蜜蜂竟然冒失地走过去，希望搞清这个躺在地上伺机出击的陌生者是谁。当捕猎者发起冲锋时，蜜蜂通常就在它面前，或者说是自己送到它的爪下的。或者是由于轻率，或者是出于好奇心，才会让它们没有任何的颤抖，没有任何不安的表现，没有任何逃避的企图。为什么几个世纪的经验教训，教给昆虫如此多的本领，却没有教给蜜蜂最基本的常识，认清大头泥蜂的深沉、恐怖？蜜蜂面对大头泥蜂时的心安理得，是出于对自己锋利的长剑的信任吗？但是，不幸的蜜蜂呀，它是剑馆里最笨的徒弟；只要看看它在搏斗中危急时刻的表现便可以知道，它使起剑来毫无章法，信手乱刺。

当捕猎者挥舞螫针时，蜜蜂也愤怒地挥舞它的长剑。我看到蜜蜂的螫针在空中乱舞，一会儿刺到这里，一会儿又刺到那里，或者滑到凶手突起的坚硬部位，变得弯曲，毫无章法的剑法当然毫无效果。两个战斗者搏斗时，大头泥蜂的腹部在里，蜜蜂的腹部在外。蜜蜂的螫针只能碰到敌人的背部，大头泥蜂的背部突起、光滑，而且有很好的角质膜保护，几乎是无懈可击的，没有任何供蜜蜂致命一击的攻击点。因此，尽管受刑者愤怒反抗，大头泥蜂仍然可以利用精确的剑法完成致命的攻击。

致命一击完成了，大头泥蜂长时间保持与死蜜蜂腹对腹的姿势，下面我来解释其中的原因。这可能是因为大头泥蜂面临着某种危机，如果放弃攻击和防守的姿势，那么比其他部位更脆弱的腹面，就会处在蜜蜂螫针的攻击范围之内；而蜜蜂死去几分钟内，仍然保持着受到攻击后的反射运动状态，这一点我是在付出了代价后才获知的。我过早地将受伤的蜜蜂从大头泥蜂手中抢走，而且毫无戒备，受到蜜蜂条件反射的攻击。在长时间与死蜜蜂保持面对面的姿势的过程中，大头泥蜂是如何保护自己，不让身虽死却仍想报仇的蜜蜂的螫针蜇中呢？难道它受到特殊的恩惠？或者还有其他突如其来的事情发生？这些都有可能。

有一种现象促使我研究这种可能性。为了研究大头泥蜂在识别昆虫种类方面的知识，我曾经将四只蜜蜂与相同数量的尾蛆蝇，同一只大头泥蜂一起扣在钟形罩下。各种昆虫相互推搡起来，突然，在混乱之中，大头泥蜂被杀死了。它仰面栽倒，六足乱蹬，随后死了。是谁给了它致命一击呢？显然不会是好动而友善的尾蛆蝇，一定是一只蜜蜂干的，它在纷乱中偶然刺中了大头泥蜂。在哪里发生，是如何发生的，我不知道。不过，这个意外解答了我的问题，同时它也是我的记录中唯一的案例。原来，蜜蜂也有能力抵抗它的对手，能够用自己的螫针在一瞬间杀死企图杀害自己的敌人。一旦落入敌人的手中，它不能很好地自我保护，是由于它剑术不精，并非武器的攻击性差。于是，我又回到了上面提到的问题：大头泥蜂是如何学会攻击，而蜜蜂却没能学会防御本领呢？对于这个问题，我只找到一种解释：大头泥蜂无须学习便知道攻击的手段，而蜜蜂不知道也无法学会防御的本领。

现在我问一问大头泥蜂，它杀死而不是麻痹蜜蜂，到底有何动机。杀死对方之后，它一刻也不放开它的猎物，腹部贴着腹部，将蜜蜂用六足箍在面前，摆弄死尸。我观察到大头泥蜂十分粗暴地搜寻蜜蜂颈部的关节，有时也搜寻前足的基节窝，它对此处细腻的皮肤十分清楚，不过它并未将这个最易受攻击的部位作为螯针的攻击点。我还看到大头泥蜂野蛮地摧残死蜜蜂的腹部，将自己的腹部压在上面，好像将蜜蜂放在榨汁机下一样。大头泥蜂摧残蜜蜂之野蛮，令人震惊，充分说明大头泥蜂冷酷无情。这时的蜜蜂只是一具尸体，只要不让血液流出来，左推几下右推几下不会损坏身体。尽管摧残是如此的粗鲁，我却没有在蜜蜂身上发现任何细小的伤口。

这一连串的动作，尤其是挤压颈部的动作，马上出现了大头泥蜂所期望的效果：蜜囊内的蜂蜜被挤回到蜜蜂口腔内。我看到一些小的水滴涌出来，立即被贪婪的大头泥蜂吸食，这个强盗还贪婪地将死者伸长的带有甜味的舌头吸入自己口内吮吸；接着它再一次在死蜜蜂的颈部、胸部搜索，将自己榨汁机一般的腹部压在蜂蜜罐上。蜂蜜流了出来，立即被吸食，蜜蜂蜜囊里的蜂蜜就这样一小口一小口地被挤出来，掠夺一空。奢侈享乐的大头泥蜂用这样的姿势，以死蜜蜂的尸体为代价，令人发指地享受美餐。大头泥蜂用足抱住死蜜蜂侧卧着进食，持续时间往往达半个钟头以上。我一直在一旁观察它进食，最后大头泥蜂看起来不无遗憾地将蜜蜂干瘪的尸体抛弃了。在钟形罩顶部溜达一圈之后，贪婪的舔尸者又回到尸体边上挤压，然后吮吸尸体的口腔直到最后一丝甜味消失。

　　大头泥蜂对蜜蜂糖汁无节制的食欲，我用另一种方法得到了验证。当第一具尸体被吸干后，我把第二只蜜蜂放入钟形罩内，大头泥蜂迅速地从颚下将它刺死，然后放在腹下强制地挤压以获得蜂蜜。接着我又放入第三只，它也是一样的命运，但强盗并不满足，我又放入第四只、第五只，它们都被大头泥蜂接受了。我的档案馆里记录着，一只大头泥蜂在我眼前一只接一只地杀死六只蜜蜂，彻底榨光了所有的蜜囊。屠杀结束，并非由于大头泥蜂的贪欲已经得到满足，而是我无法找到更多的猎物，因为干燥的8月里缺少鲜花，因此也赶走了生活在荒石园里花上的昆虫。吸光六只蜜蜂蜜囊里的蜂蜜，多么贪婪呀！如果我有办法为它补充食物，这欲壑难填的家伙大概也不会拒绝美味的点心吧！

　　其实，没有必要为中断这种服务而感到遗憾，我刚才描述的那些细节，只要少许，便足以勾勒出大头泥蜂这个蜜蜂杀手贪婪的性格特征。尽管我提醒自己不要否认大头泥蜂也有诚实的谋生手段，在花丛中它们也和其他膜翅目昆虫一样勤劳，也是平和地吮吸蜜糖，而且没有螫针的雄性大头泥蜂，还不知道其他的生存方式哩。可是，雌性大头泥蜂，虽不会忘却普通的花蜜，却仍然要打家劫舍。有人曾说过有关贼鸥这个海盗的故事，当它看到收获丰富的鱼鹰飞在水面上的时候，便扑上去用嘴啄鱼鹰的喉部，使它放松猎物，自己则立即跃到空中将猎物偷到手。受害的鱼鹰只是在颈部受到一定的伤害，而大头泥蜂则是肆无忌惮的强盗，它扑向蜜蜂，并致对手于死地，还要把死蜜蜂的蜂蜜挤出来享用。

　　我用了"享用"这个词，并且坚持这种说法。为了论证我的观点，我特别举出一些理由更充分的例子。为了研究捕食性膜翅目昆虫如何争斗，我在饲养它们的笼子里放了几棵穗状花植物，一簇菊蕊，蕊上滴着花蜜，而且不断更新；这样做是因为，我得为昆虫提供必需的猎物，这可并非易事。我的俘虏们可以在这里享用茶点，滴了蜜的花朵是很受欢迎的，但对大头泥蜂却并非必要，它只要我间或将几只活的蜜蜂放入钟形罩内就行了，每日的供应量在六只左右。依靠从被害者身上提取的蜜滴，我将这些昆虫饲养了半个月，甚至三个星期之久。

很清楚，在饲养笼之外，当时机成熟时，大头泥蜂为了生存也会屠杀蜜蜂。蜾蠃向叶甲幼虫索取的不过是简单的调味佐料，而大头泥蜂向它的牺牲者索取的却是盛满蜜汁的蜜囊，是以生命为代价的加餐。这群强盗，在囤积的食物之外，为了个人享受，对蜜蜂进行了怎样的大屠杀呀！我要把大头泥蜂交给养蜂人制裁。

暂时不要深挖这滔天大罪的主要原因吧，尽管它有些残酷，我还是接受了目前已经了解的事实。为了取食，大头泥蜂在蜜蜂的蜜囊里抢夺食物。接下来，我将进一步研究这个强盗的刺人方法。捕食性昆虫的习惯做法是将猎物麻醉，大头泥蜂并不这样做，而是将猎物杀死。大头泥蜂为什么杀死蜜蜂呢？如果我们智慧的眼睛没有被蒙蔽，那么突然死亡的必要性就会一目了然。大头泥蜂攻击蜜蜂，并没有采取开膛破肚的方式，这种摧残猎物身体的方法是在为幼虫捕食时用的；大头泥蜂也没有采取将蜜囊连根拔起的方式，它只是打算获得其中的蜜汁。它通过灵活的动作巧妙地挤压，就像挤牛奶一样让蜜蜂把蜂蜜吐出来。我们不妨假设蜜蜂从胸部遭受攻击并且被麻醉，这一击使蜜蜂失去了活动能力，但并不是致命的。被麻醉的消化器官仍保持正常的力气，比如被麻醉的猎物往往还频繁地排泄粪便，只要它的腹部不是空的；又如我曾经喂养过朗格多克飞蝗泥蜂的受害者，尽管肢体残废，我也用糖水作食物勉强喂养了40来天[①]。那么，放手去干吧，不用任何医疗手段，也不需要催吐药物，去求那好好的胃排空里面的东西吧！蜜蜂那么珍惜它的宝藏，它的蜜囊可不是那么顺从的，如果受到麻痹，会变得迟钝，但是它体内仍蕴藏着反抗侵略者的内在力量和肌肉的反抗能力，它是不会屈服于敌人的挤压的。大头泥蜂徒劳地咬了蜜蜂的颈部，徒劳地挤压两侧，蜂蜜是不会被挤回到口腔中的，因为被麻醉但依然残存的生命活力使蜜囊保持封闭状态。

如果是针对一具尸体，事情就大为改观，因为蜜蜂的活力消失，肌肉松弛，胃部的收缩停止，那么，蜂蜜在侵略者的挤压之下便会溢出，被吸食一空。因此，大头泥蜂不得不闪电般地杀死猎物，只有这样才能在瞬间迫使蜜蜂的器官失去活力。那么，这突然的致命一击应选在什么部位呢？当凶手将螯针蜇入蜜蜂的颚下时，它比我们更清楚，从颈部的小缺口破坏蜜蜂的中枢神经，死神随即便会降临。

谋杀抢劫场景的展示，并不能满足我那有些令人生气的习惯，我习惯在每个答案后跟着提一个新问题，直到碰到不可知之墙为止。如果说大头泥蜂是狡黠的蜜蜂杀手和盛满蜂蜜的蜜囊的吸食者，那么捕猎对于它来说，不会仅仅是取得食物的来源，尤其是当大头泥蜂同其他昆虫一样拥有花蜜美食时。我无法接受大头泥蜂残忍的本事，无法相信它仅仅是因为垂涎于美味佳肴，便要以吸干别人的胃为代价。我肯定还忽略了某些事情，忽略了大头泥蜂吸干蜜蜂蜜囊的原因。也许在我们说的恐怖行径之后，隐藏着一种可以让

[①] 见卷一第十一章。——校注

人接受的目的。这目的到底是什么呢？

　　每个人都明白，在开始面对这个问题时，我这个观察家的思想是处在什么样的阴云笼罩之下，读者有权保留自己的看法。我向读者展示我的怀疑，探索的过程，失败的经历，只是为了向读者道出我长时间研究的结果。任何事物都有其存在的理由，我曾过于深信，因此不能相信大头泥蜂残暴地蹂躏蜜蜂的尸体，只是为了满足贪婪的食欲。掏空的蜜囊又放在哪里呢？它不能自己被……但是，是的……有谁知道呢？总之，我想试试以这种方式进行研究。

　　母亲对孩子首要的关心，便是让孩子在家里生活得更好。我仅仅了解到，大头泥蜂的捕猎是为了获得珍美的午餐；现在我们一起去观看大头泥蜂出于母性而进行的捕猎吧。要分辨出这样的捕猎行为十分简单，当大头泥蜂只打算饮几口琼浆时，它会吸空蜜囊后便毫不犹豫地抛掉蜜蜂，这只蜜蜂已没有任何价值，蜜蜂的尸体可能就地被风干或者被蚂蚁搬走。相反，如果它打算将蜜蜂的尸体放入仓库作为幼虫的食物，它便用中足将蜜蜂抱起，用其他四足行走，在钟形罩边来回转圈，试图寻找一条可以带着猎物逃走的路。当它发现这环行线路行不通时，便用触角和大颚抓住蜜蜂尸体的腹部，用六足钩住光滑、垂直的玻璃罩表面，攀上罩壁。它到达钟形罩的顶部，稍做休息，然后又回到罩底，重新开始绕圈、攀登，在固执地用尽所有办法之后，才决定放下蜜蜂的尸体。如果大头泥蜂是自由的，那么它把这个讨厌的包袱抱在足间的这份固执，说明它要将猎物放到储存室里去。

　　这些为了哺育幼虫而捕猎来的蜜蜂，和其他蜜蜂一样从颚下被螫针刺死；它们都是实实在在的尸体，也和其他的蜜蜂一样，遭到大头泥蜂的折磨和挤压，蜂蜜被吸压出来。在各种比较之中，为了供给幼虫和只为了满足母亲自己的食欲而进行的捕猎，没有任何区别。

对囚禁生活的厌恶会导致大头泥蜂行为的异常，我必须了解它在自由状态下如何行动。我曾在大头泥蜂的聚居地附近长时间地潜伏窥视，野外观察要比观察钟形罩下的大头泥蜂花更多的时间。我枯燥乏味的等待逐渐获得了补偿：大多数捕猎者得手之后，腹下抓着捕获的蜜蜂立即回到蜂巢内；另一些则停在附近的荆棘丛中，将猎物的尸体放在自己如同榨汁机一般的腹部下，挤出猎物体内的蜂蜜，然后贪婪地吸食。准备工作完成之后，它们便将蜜蜂的尸体入库储存。我所有的怀疑从此消解了：作为幼虫储备食物的蜜蜂尸体，需要预先精心地榨干蜜汁。

由于可以在现场观察，所以我就静下心来了解大头泥蜂不受束缚时的生活习性。那些靠麻醉来捕获猎物的昆虫，在产卵之前便把储存室储满猎物，把口粮全部收集好；但大头泥蜂不能采取这种方法，因为它是利用死去的猎物，猎物在短短几天内就会腐烂变质。大头泥蜂必须运用泥蜂的方法，让幼虫随着身体的成长间或地获取必需的食物。事实也证明了我的推断，我刚才用"枯燥乏味"来形容我在大头泥蜂聚居地附近的等待，事实也确实如此，而且比为了观察泥蜂的等待给我带来的痛苦更加严重。那时，面对着节腹泥蜂、象虫、黄足飞蝗泥蜂的洞穴，看到它们忙碌地活动，对我来说是一件十分开心的事。一只雌虫刚刚回到家中，立即又出门，一会儿工夫又带回一只猎物，旋即又出发去打猎。它不断地来来往往，间隔时间很短，直到储藏库内装得满满的。

大头泥蜂的蜂巢远远没有那样的活力，即使在一个有大量大头泥蜂聚居的地方也是如此！我的等待白白持续了整整几个上午、几个下午，我极少看到大头泥蜂母亲带着一只蜜蜂刚一飞回家中，便又立即出去第二次捕猎。一个捕猎者一天最多猎取两只猎物，这是我长期观察的结果。过一天算一天的饮食习惯造成了惰性，一旦家中暂时储存了够用的食物，大头泥蜂母亲便停止外出巡回捕猎，直到有必要捕猎时才再度出发。此时它只是一心从事挖掘地下通道的工程。地下室挖好时，我就会看到挖出的余泥被推到地面上来了。除此以外，没有任何活动的迹象，仿佛大头泥蜂的聚居地毫无生机一样。

参观大头泥蜂地下洞穴并不是一件易事，洞穴或垂直或水平地延伸到坚硬的泥土下一米左右，锹和镐是不可缺少的得力工具，但还不能完全满足专业需求。同样，挖掘的工作也很难让我完全满意。在长廊的尽头，用铁丝也无法伸到的地方，是一个个水平向的椭圆小储存室。这些小间的数量和布局，我没有观察到。

一些小间里已经装入了大头泥蜂的茧，这种细长的茧和节腹泥蜂的茧一样是半透明的，也像一种实验瓶，瓶身椭圆，瓶颈逐渐缩小。在细颈的末端，可以看到已经变黑变硬的幼虫粪便，茧被固定在小室的底部，除此以外没有其他的支撑，好像一个短短的狼牙棒，靠着把手顶端，沿洞穴水平竖立在那里。另外一些单间里住着或多或少开始发育的幼虫，幼虫正在嚼食母亲最近供给的一块食物；在它的周围，堆放着已经消费过的食品残骸。还有一些单间里存放着尚未食用的蜜蜂尸体，尸体胸上放着一个大头泥蜂卵，这就是幼虫最初的那部分口粮，随着身体长大，另外的食物也随之而来。我的预测由此可以得到证实，同泥蜂这个双翅目昆虫的杀手一样，大头泥蜂这个蜜蜂杀手，也将卵产在第一只储存起来的蜜蜂尸体上，然后不时地给婴儿补充食物。

猎物的问题已经解决，另一个问题还有待我去研究：出于什么动机，在喂养幼虫之前，大头泥蜂母亲首先要吸干蜜蜂尸体内的蜂蜜呢？前面我一再强调，大头泥蜂杀戮和压榨蜜蜂，不能只以满足自己的饥饿作为理由和借口。抢劫劳动者的劳动成果，也就罢了，我们每天都能看到类似事件；但是把劳动者杀死，吸干它的胃，似乎显得过分了些。放入储存室的蜜蜂尸体被强烈地挤压，且被吸干了体内的蜂蜜，使我突然产生了一个想法：加了果酱的牛排并不合所有人的胃口，同样，抹了蜂蜜的蜜蜂肉对于大头泥蜂幼虫来说，很可能是讨厌的、有害健康的菜肴。当吃饱血肉的大头泥蜂幼虫嘴边出现蜜蜂的蜜汁时，它会有什么反应呢？尤其是偶尔咬开蜜蜂的蜜囊，蜂蜜沾染了幼虫的野味时，它反应如何呢？挑剔的幼虫觉得这混合物如何呢？这个小吸血鬼能够对混有花蜜味且微有变质的蜜蜂尸体没有丝毫厌恶吗？是或者不是，现在下结论都毫无意义，我应该去观察，去看看真实情况。

我饲养了一些已经长大的大头泥蜂幼虫，我向它们供应的是我捕获的饱食了迷迭香花蜜的蜜蜂尸体，而不是洞穴中被榨干了蜂蜜的猎物，我提供的蜜蜂是被我打碎头部致死的。这些食物受到了幼虫们的欢迎，起初我没有看到任何可以回答疑问的现象发生。随后，我养的那些大头泥蜂幼虫个个精神萎靡，对食物毫无兴趣，随便地这里咬一口，那里碰一下，最后一个接一个全部死在了已经咬过的猎物旁边。我所有的努力都失败了，无法成功地通过饲养使幼虫长到织茧期。可是，作为乳"父"，我并不缺少经验，我手里饲养了那么多昆虫，它们在旧沙丁鱼罐头盒里，与在天然洞穴里一样发育正常！我并不在意这次失败，因为严格认真至少对其他工作有所帮助。这次失败也许是因为，我房里的空气和铺底的干沙对大头泥蜂幼虫细腻的皮肤有坏影响，它们也许已经适应了柔软、略微潮湿的地下土壤。我决定再用其他的方法进行尝试。

用刚才那种方法去判断大头泥蜂的幼虫是否厌恶花蜜，是不大行得通的。幼虫首先咬食的是蜜蜂的肉体，那时什么特别的现象都没有，它像平常一样进食。后来，当猎物被大量食用之后，大头泥蜂幼虫舔到了蜂蜜。由于幼虫表现出一些犹豫和精神不振，已是在一段时间之后，不能据此下结论；幼虫的不适可能还有其他已知或未知的原因。我最好从一开始便喂蜂蜜给幼虫，那时人工饲养还没影响它的口味，但是用纯蜂蜜喂养的尝试也是毫无用处的，肉食昆虫的幼虫即使挨饿也绝不碰蜂蜜。那么，像涂了黄油的面包片一样，我用小刷子轻轻地在蜜蜂尸体上涂一点儿蜜，这应该是唯一有利于我的计划的方法。

在这种情况下，只要幼虫咬了第一口，疑问便会得到答案。当幼虫咬了第一口涂过蜜的猎物之后，它厌恶地退开了；长时间犹豫之后，由于饥饿，它又开始进食，试着从一侧下手，又从另一侧尝试，最终再也不碰猎物了。几天之后，它在几乎未动过的食物旁奄奄一息，最终死去了。有多少只幼虫吃这种食物，就有多少只幼虫完蛋。这些幼虫仅仅是由于不吃这独特的、不合胃口的食物而饿死的呢，还是因为最初食用的少量蜂蜜中毒而死呢？我无法得知。但不管是中毒还是讨厌这食物，涂了蜜的蜜蜂对幼虫都是致命的。这个结果，比刚才提到的不利结局更能向我解释，我不用被吸干蜂蜜的蜜蜂喂养大头泥蜂幼虫，因而导致饲养失败。

不管蜂蜜是有害还是令它讨厌，幼虫都拒绝食用。这属于极为普通的饮食原则，不会是大头泥蜂特有的饮食现象。其他肉食昆虫的幼虫，至少膜翅目肉食昆虫的幼虫大概都有这个现象。于是，我又用相同的方法进行实验，验证我的推测。为了避免幼虫年龄过小太虚弱，我挖掘出一些中等体形的幼虫，并拿走它们原来的食物，一块一块涂上蜜，涂过蜜的食物喂给它们。对实验对象，我没有选择，因为并不是随便哪种幼虫都适合我的实验。像土蜂幼虫这种食用整个猎物的幼虫就不能用，为了用餐时猎物仍保持新鲜，它从一个固定的地方进攻猎物，并将头颈伸入猎物的体内，聪明地挖出猎物的内脏，直到挖空猎物腹腔才从缺口里出来。

　　让土蜂幼虫松开食物，并把食物放入蜜中腌渍，这样做有双重缺陷。首先，我会破坏猎物仍然保持的微弱生命力，正是依靠这微弱的生命力，被吞噬的猎物避免了腐烂；同时我还会扰乱进食者的进食艺术，由于食物的来源改变，进食者已经无法再找到猎物，并分辨出是否符合自己的饮食习惯。在上一卷中，以花金龟幼虫维生的土蜂幼虫可以提供证明。于是，可以用来做实验的，就只有以小块猎物为食的幼虫，这类幼虫吃起猎物来没有特别的艺术，随便肢解猎物，并且很快就消灭完。在这种类型中，我信手用来做实验的有：各种泥蜂的幼虫，以双翅目昆虫为食；小唇泥蜂幼虫，食谱上则列有多样的膜翅目昆虫；跗猴步甲蜂幼虫，靠蝗虫若虫维生；筑巢蜾蠃幼虫，大量捕猎叶甲幼虫；沙地节腹泥蜂幼虫，对象虫的需求量很大。看，消费品和消费者是如此多样，对所有这些幼虫而言，花蜜作为食品的佐料都是致命的，不管是中毒还是讨厌这食物，总之，幼虫们在短短几天内都相继死去了。

　　结果是如此奇怪！花蜜，花朵的精华，蜜蜂在两种形态中唯一的食物，成虫形态捕猎性昆虫唯一的食物来源，对于它们的幼虫却是令人反胃的，甚至可能是致命的毒药。饮食习惯的改变比起昆虫从蛹到成虫的变态，更让我觉得不可思议。在昆虫的胃里发生了什么，使得成虫狂热地追求幼虫冒死拒绝的东西呢？这可不是因为幼虫衰弱的身体无法消化如此美味、营养丰富且有些生硬的食物。那些幼虫，能够咬噬像花金龟幼虫这样的肥肉，能够啃动像蝗虫般坚硬的骨头，能够消化大块脂肪，它们肯定拥有不挑剔的大颚和具有功能令人满意的胃。然而，这些强健的食客面对一小滴蜂蜜——这种最柔软的、适合虚弱的幼虫，同时也是成虫的美味液体食物，宁肯饿死也不吃，否则就会因消化不良而死去！这些幼虫的胃是多么深不可测啊！

关于这些美食学研究，我必须进行逆向实验。捕食性昆虫的幼虫因花蜜而丧生，倒过来，素食性昆虫的幼虫是否会因肉类食物而死呢？像以前的几个实验一样，我也做了一些保留。比如像条蜂和壁蜂幼虫，要是给它们一撮蝗虫肉，肯定会遭到断然拒绝，以蜜维生的昆虫，它们的幼虫是不会咬肉类食物的。这类实验毫无作用，我应该使用类似夹馅面包的食物，在幼虫的天然食物中添加一些肉类物质。我要添加的是蛋白质，比如鸡蛋中的蛋白质，它是蛋白纤维的同分异构体①，是肉类中的精华。

三叉壁蜂食用的蜜主要是干燥乏味的花粉，最适合我的计划。我在它的蜜中掺入一些蛋白质，并逐步加大剂量，直到蛋白质的含量远多于花粉含量为止。这样，我制成了各种硬度的膏状食物，每一种都坚硬到足以支撑起幼虫，不至于让幼虫陷于其中。如果用一些硬度小的流体食物，幼虫则有被淹死在食物中的危险。最后，我在每一种加入了蛋白质的膏状食物上，各放了一只发育适中的幼虫。

---

① 法布尔的时代对蛋白质的构造并不了解，认为所有的蛋白质是同样成分，只是构造不同。现今已知蛋白质种类与构造千变万化。——校注

我所发明的食物并没有招致幼虫的厌恶，完全没有引起幼虫的反感。幼虫们毫不犹豫地开始进食，看起来食欲和往常一样。如果不是由于我精良的烹饪方法，事情的发展不会如此顺利。一切都很顺利，甚至那几块我加入了过量蛋白质的食物，也同样受到幼虫们的欢迎；而且，更重要的是，用这些特种食物喂养的壁蜂幼虫发育正常，逐渐长大，并最终织茧。第二年，从茧中羽化出了壁蜂的成虫。尽管是用掺了蛋白质的食物进行喂养，但壁蜂的发育过程仍然良好无碍地顺利进行。

所有这些实验可以得出怎样的结论呢？我十分尴尬。生理学上认为万物皆由卵而生，每种动物在诞生之时都是肉食性动物，因为动物初时由卵供给营养成形，而卵中的主要成分是蛋白质。最高等的哺乳动物长期以来保留了这种饮食习惯：它们以母乳喂养幼儿，母乳中富含酪蛋白，是蛋白纤维的另一种同分异构体。食谷类幼鸟起初也接受如蚯蚓之类的食物，这极为适合它那柔软的胃；许多弱小的动物，一生下来马上就以肉类食物维生。这种原始的饮食习惯一代一代地传下来，这种以肉长肉、以血生血的方法，只须简单地改变食物的形态，无需其他的化学反应。随着年龄的增长，胃部功能加强了，它可以接受植物性食物了，尽管这些食物需要进行辛苦的化学反应，但容易得到。于是，干草代替了母奶，谷物代替了蚯蚓，花蜜代替了昆虫肉。

这么一来，关于膜翅目昆虫的双重饮食制度的问题，幼虫以昆虫肉体为食，成虫则吸食花蜜，我们便有了初步的解释：这里的问号被拿掉之后，又在另一处出现，现在我又有了新的问题。为什么壁蜂的幼虫并不讨厌蛋白质，而最初母亲却用花蜜喂养它呢？为什么蜜蜂从卵中孵化出来之后仍保留素食习惯，而其他同类昆虫却以肉类为食呢？

如果我支持进化论，那我就会解决这个问题了！我会说："是的，自出生以来，任何动物原本都是肉食性的。尤其是昆虫，它起初以含蛋白质的物质为食。很多幼虫都保留了卵期的饮食习惯，还有一些成虫也保留了这一习惯。但是，为了填饱肚皮的斗争同时也是为了生存的斗争，这种捕猎成果不稳定的生活方式，远远不能满足生存的需要。于是人类，开始是饥饿的猎人，后来将自己扮成牧羊人的角色，蓄养成群的动物以备饥荒，并逐步取得了更大的进步，学会了耕种土地，利用种子繁衍农作物，生活开始有了基本的保障。人类的物质生活从低劣到一般，从一般到丰富，都应归功于农业资源的开发。"

动物的进步要领先于人类。大头泥蜂的祖先早在第三纪冰川时期，幼虫和成虫期都以肉类猎物为食；它们捕猎既为了自己也为了子女，而且就像今天的后代那样，不只限于吸干蜜蜂的蜜囊，它们也啃噬死蜜蜂。从始至终，它们都是肉食性昆虫。而后，那些幸运的先驱者发现，无需危险的战斗，也无需艰苦的探索，就可以得到取之不尽的食物来源——花儿甜蜜的分泌物；于是，先驱者在种族中逐步代替了落后者。昂贵的肉食饮食不适合大众的需要，最终只限于体质虚弱的幼虫；而强壮的成虫由于更容易生存，不再习惯这种饮食。今天的大头泥蜂就是这样逐渐形成的，今天的捕食性昆虫的双重饮食制度也就这样形成了。

蜜蜂做得更好，当它从卵中孵出来之后，完全放弃依靠运气获取食物的方法，开始自己制蜜，并用蜜喂养幼虫。永远放弃捕食并成为真正意义上的农业生产者，蜜蜂获得了生理和心理上的极大满足，这是捕食性昆虫所难以拥有的。这也就是为什么条蜂、壁蜂、长须蜂、隧蜂和其他制蜜昆虫会兴旺发达，而那些抢劫者却在孤寂地劳动；蜜蜂还由此形成一些团体，施展出众的才能，表现杰出的本能。

如果我是进化论者，以上便是我的言论。所有一切紧密相连，推理判断极有逻辑性，并且以一种貌似真实的说法表现出来，而人们又喜欢从一大堆不可辩驳的进化论论据中寻找这种说法。但我，则要毫无遗憾地向愿意接受我的学说的人，简要提出我的推断，我不相信任何无根据的言论，我承认我对这种双重性饮食的原因了解甚少。

在所有研究之中，我观察得最清楚的是大头泥蜂的捕猎战术。作为大头泥蜂贪婪吃喝行为的目击者，在尚未了解挥霍的目的之前，我曾大肆用最难听的词语形容大头泥蜂：杀人凶手、强盗、恶棍、可耻的劫尸者等等。无知的人总是说话粗鲁，不知内情的人总会有些生硬的判断和狡猾的解释，但事实让我睁开眼睛，看清了真相，我急忙公开承认错误，开始重视大头泥蜂的行为。在吸空蜜蜂蜜囊的同时，大头泥蜂完成了最值得称赞的行动：它保卫了子女免遭毒药毒害。如果以后它偶尔为了一己之利杀死蜜蜂、吸空蜜囊之后将蜜蜂的尸体抛弃，我再也不敢对它横加指责了。它出于良好的动机而吸干蜜蜂蜜囊，而当这种行为已成为习惯时，借口饥饿重又沿袭过去的做法，就难说不是因为诱惑了。然而，又有谁知呢？在捕猎过程中，大头泥蜂的确可能对猎物有私下打算，然而，毕竟幼虫可以从中得益呀。不管怎样，仅凭这一点，我就可以原谅它的行为了。

于是，我收回起先用来形容大头泥蜂的难听的词语，并对大头泥蜂的母性逻辑思维表现出极大的欣赏。也许蜂蜜对于大头泥蜂幼虫有致命的危害，那么大头泥蜂母亲是如何知道，它视为美味的蜂蜜竟对幼虫是有害的呢？对于这个问题，我的知识无法解答。我认为，蜜使幼虫处于危险的境地，于是，大头泥蜂预先吸干蜜蜂的蜂蜜；由于幼虫需要新鲜的食物，因此吸干蜜蜂时不能撕裂它的身体；而由于麻醉时蜜蜂的胃仍有反抗力，于是麻醉的方法也行不通，所以蜜蜂应该被彻底杀死，而不仅仅是被麻痹，否则，蜂蜜就无法被吸出来。只有损伤蜜蜂的生命中枢，才能导致蜜蜂立刻死亡，所以大头泥蜂的螯针蜇向猎物的颈部淋巴结，这是控制其辖下器官的神经中枢。为了蜇中颈部的淋巴结，只有唯一的一条途径：颈部窄小的无角质膜保护的小点。大头泥蜂的螯针要蜇的，就只有这个1平方毫米的小点；实际上，它蜇的也正是这里。在这紧密相连的链条中，只要少了一环，那么，以蜜蜂为食的大头泥蜂也就不可能存在至今。

对捕食性昆虫幼虫有致命危害的花蜜，是引出大量结论的出发点。各种捕食性昆虫都以产蜜昆虫作为子女的食物，根据我的了解，它们是：冠冕大头泥蜂，它用大个的隧蜂装满自己的洞穴；劫持者大头泥蜂，它不加区别地捕猎各类小个的同自己体形相当的隧蜂；小唇泥蜂，它出于一种奇特的中庸之道，捕猎比自己弱小的猎物来堆满自己的储存室。这三种以及其他有同样情趣的昆虫，又是如何对付那些蜜囊里多少充满着花蜜的猎物的呢？它们应该像大头泥蜂那样吸干猎物的蜜囊，否则后代将由于掺蜜的菜肴而面临危险；它们应该处理死去的蜜蜂，挤压它，吸干它。这些结论都被证实了，我将来会把这些伟大的实验公诸于世。

第十二章 🐝 砂泥蜂的方法

我在昆虫学上的一些新颖的小发现，人们能够进行价值评估，但暂时还不会根据它们的价值来欣赏。动物学家，是动物形态的记录者，对我所从事的研究芜菁科昆虫形态的巨大变化、卵蜂虻的发育过程、幼虫的二态性等工作很感兴趣；胚胎学家，他探索卵的秘密，比较重视我对壁蜂卵所进行的研究；哲学家，他们为动物的本能而担忧，因此授予捕食性昆虫以棕榈勋章。我同意哲学家的观点，为了这项工作，我毫不犹豫地放弃了其他的研究，而且这是第一项注明日期并让我难忘的工作；这工作最清楚、最有说服力地说明了动物本能的学问，而进化论也在此遭到了最激烈的震撼。

达尔文，这位真正的学者，对此一清二楚，他很怕动物本能的问题，我起初的结论，特别让他焦虑不安。如果他事先了解了毛刺砂泥蜂、步甲蜂、大头泥蜂、蛛蜂和其他一些我已经研究过的昆虫，那么我相信，他的焦虑会变成坦白承认，他无法将动物的本能归入自己的思维模式之中。唉！顿城的哲学家在争论刚刚开始的时候，就带着实验证明方法，也是最好的证明方法，离开了我们。他生前我让他了解一些理论，促使他希望能找到一些解释。在他的眼里，动物的本能不过是一种后天的习惯。捕食性膜翅目昆虫，最初只是偶尔胡乱地击中猎物最柔软的部位才将其杀死，之后它们逐渐找到了最有效的攻击点；于是，习惯变成了本能。从一种方式到另一种方式的中间过程，足以为此提供佐证。在1881年4月16日的信中，顿城学者请罗曼斯先生也考虑这个问题。他在信中说：

我不知道，您是否愿意在您所撰写的《动物的智慧》一书中，讨论一些动物最复杂、最神奇的本能。这是一件徒劳无益的工作，因为没有任何一种动物的本能是可以通过化石研究出来的；而且唯一的研究途径是研究目前其他动物本能的状况。不过，这仅仅是剩下一些可能性而已。法布尔在《博物科学年鉴》和已经扩写的《昆虫记》这两部惊世著作中，已经阐述了关于昆虫麻醉猎物的观点，我认为，如果您想讨论动物的本能，您绝不可能得到比法布尔更让人感兴趣的观点。

我非常感谢你，杰出的大师，感谢你赞扬的言辞，这证明你对我关于昆虫本能的研究怀有浓厚的兴趣。这种研究并非徒劳无益，绝对不是，我们应该研究它，正如同它应该被研究；应该正面地通过事实来研究，而不是从侧面通过讨论来研究。如果我们希望澄清事实真相，讨论并没有什么价值。另外，讨论将把我们引向何处呢？难道是要我们召唤那些古老的但没有被化石保存下来的本能吗？对过去愚昧无知的召唤是极为无用的，如果希望研究昆虫本能的多样性，以你的看法这种召唤将逐渐导致一种本能转移到另一种本能；而现今世界也如我们所愿，提供了素材。

每种捕食性昆虫都有它独特的方式，它捕猎的对象，它的攻击点，它攻击的"剑法"；但并非才能本身具有多样性，而是因为被捕猎昆虫的身体结构与幼虫的需要，是两者完美的统一，在捕猎活动中起了决定作用。一种昆虫的捕猎艺术，不能用于解释其他昆虫的捕猎方法，每种昆虫都有它的战略，而且并不需要见习期。砂泥蜂、土蜂、大头泥蜂等捕食性昆虫告诉我们，如果它们不是自一开始就是今天这样灵活的麻醉师或猎手，那么，什么也不可能遗传至今。当某一类动物的前途取决于某种不确定性，绝对是行不通的。如果不是具备完善的哺乳本能，最早出现的哺乳动物将会变成什么模样呢？

好吧，我们假设一下那种不可能的情况。一只捕食性膜翅目昆虫偶尔摸索到一种捕猎方式，后来这种捕猎方式成了种族得以生存的救命稻草。这种偶然的行为，比起其他不成功的尝试，昆虫母亲并没有给予更多的重视，它却能够在种族生存中留下深刻的痕迹，能够通过遗传传给后代。我们该如何接受这样的现象呢？这种在当今世界上没有实例的奇特力量，如果真具有遗传性，难道是合情合理，没有超过我们所了解的少量事实吗？备受敬仰的大师，你对此又有什么可说呢！不过，我再说一遍，讨论是没有什么用的，只有事实才起决定作用，所以我要再次陈述事实。

为了研究捕食性昆虫的攻击方式，直到现在我才找到一种合适的方法：在昆虫抓住俘虏之时给它一个惊奇，将猎物从它手中夺走，作为交换立即给它一只同类的猎物，但猎物是活的。偷梁换柱的方法是极为出色的策略，它唯一的严重缺陷是，它是否能观察到结果取决于偶然的机会。恰好遇上昆虫正在处理猎物，这样的机会是极少的；而且，即使好运突然降临，而你当时或许正忙于其他的事情，手中也不会恰好拥有可以替代的猎物。我常常是事先准备好了必要的猎物替代品，却又一时难以找到捕食性昆虫；另外，这些无法事先计划的观察，常常是在大路上进行的，大路是最糟糕的实验场所，观察只能满足一半的研究需要。在变化无常的情况下，我无法反复观察，得到满意的结果，我总是担心观察得不确切、不完全。

如果有一种实验方法符合我们的意图，而且能够操控，就应该能为观察提供极大的便利，同时也能保证观察的准确性。我希望能在桌面上观察昆虫的行动，哪怕是在我写作的小桌上也好，这样我就不会漏过关于它们的某些秘密。我的这种愿望由来已久。起初，我在钟形罩下用节腹泥蜂和黄足飞蝗泥蜂进行过一些尝试，但两者都没能满足我的愿望。它们都拒绝攻击猎物，无论是方喙象还是蟋蟀。我对这种研究方式非常失望，便错误地过早放弃尝试。在很长一段时间之后，当我不时在野外撞见大头泥蜂吸食猎物时，心中出现了一个想法，想将大头泥蜂放在玻璃罩下进行观察。被我俘虏的大头泥蜂仍然用其独特的方式杀死了小蜜蜂，于是，我心中又一次出现了希望，而且比任何时候都更强烈。我打算用这种方法对所有拥有螯针的昆虫进行实验，同时讲述它们各自不同的方法和策略。

我实在应该减弱这种野心。我享受过成功的喜悦，但更多的却是失败的苦涩。我先说说失败吧，我用来饲养昆虫的笼子是金属钟形罩，就放在桌上。我用蜂蜜喂养我捕获的昆虫，把蜜滴在薰衣草的穗状花序、菊科植物的头状花序上，这些植物随季节而变化。大部分俘虏对我为它们提供的饮食感到十分满意，并没有表现出受到囚禁生活影响的情绪；不过，还是有一些由于不习惯新的饮食、思念家乡风味的菜肴，在两三天内便死去了。这些自杀者时刻让我准备面对失败，因为我很难在短时间内为它们找到必要的猎物。

为网中的俘虏适时地找到它们所需的猎物，并不是一件容易的事。我有几个小学生帮忙提供食物，放学后摆脱了动词变位的烦恼，他们就到我这里来监视草坪，按我的意图寻找猎捕目标。丰厚的报酬、双倍的好处都能刺激他们的积极性，但还是有多少不幸的结局出现啊！今天，我需要抓几只蟋蟀，一群孩子出去寻找了，然而回来时没能带回一只蟋蟀，却带回许多距螽。这种昆虫我头天晚上还很急需，然而现在却毫无用处，因为我喂养的朗格多克飞蝗泥蜂已经死了。买卖的突然变化，令小家伙们都大吃一惊，这些小糊涂蛋怎么也不能理解，前两天还备受珍惜的距螽，现在却一文不值。当笼子里距螽重新变得十分有用时，小家伙们却又给我带回蟋蟀，而此时我已经对蟋蟀不屑一顾了。

如果不是偶尔有几次成功鼓励这些小投机商，交易可能也不会长久。当急需某种食物时，孩子们的报酬也随之变得丰厚。有一次，一个孩子帮我捕到一只喂养泥蜂急需的虻。这个孩子在烈日下，在我家邻近的麦场上埋伏等待虻的出现，然后便在正转着圈踩踏麦捆的牲畜尾部捕捉到了猎物。这个小淘气得到了丰厚的酬金，外加一片加了果酱的面包。另一个小家伙也同样幸运地捕到一只大个的圆网蛛，这正是我喂养的蛛蜂所期盼的食物，他得到了双倍的奖励，还外加一张画像。我的捕猎帮手们就是这样从事他们的工作的。然而我若不亲自从事大部分枯燥无味的捕猎工作，仅仅靠他们是远远不够的。

得到了所需要的猎物后，我将网罩中的捕食性昆虫移到玻璃钟形罩下。根据体形和外观大小，玻璃罩的大小从一升到三升不等。

我将猎物投入格斗场，再把玻璃罩摆在阳光直射到的地方，如果不这样做，捕食者会拒绝采取攻击行动，然后备足耐心等待战斗的发生。

我还是从我的邻居毛刺砂泥蜂谈起吧。每年4月一到，我便看到它们一群群地在荒石园围墙外的小路上忙碌，一直到6月，我都在观察它们如何挖洞穴，如何捕猎物，又如何储存食物。它们的方法是

毛刺砂泥蜂

我所了解的最复杂最完善的，也是所有昆虫所用方法中最值得深入考察的。在近一个月内，捕获它，放走它，再抓回它，对我来讲极为容易，因为它就在我的家门外忙忙碌碌。

剩下的工作是如何捕捉到黄地老虎幼虫。为了捕获一只幼虫，我又经历了以前的失败。我不得不监视毛刺砂泥蜂的捕猎行动，从中获得指点，正如同寻找块菰的人要借助狗灵敏的嗅觉一样。我耐心地一丛接一丛搜寻百里香，却没能捕到一只幼虫。与我一样找寻猎物的砂泥蜂们，却总能随时从花丛中捕获猎物，可我连一次也没成功。我又一次佩服昆虫对自己谋生手段的精通。我的一帮小学生也在周围活动，也是一无所获，总是一无所获，我只得亲自出马，探索外边的世界。十几天来，为了捕获一只小小的幼虫，我竟被折腾得寝食不安。最终，我胜利了！在一个阳光普照的墙脚，在从圆锥状花序的矢车菊丛中长出的玫瑰花下，我发现了大量珍贵的黄地老虎幼虫。

现在我将幼虫和毛刺砂泥蜂一同放在钟形罩下进行观察。同往常一样，攻击是如此的迅雷不及掩耳，幼虫的颈部被对手用老虎钳般的大颚猛地咬住，被咬伤的幼虫扭曲挣扎，有时用尾部一扫，把攻击者扫到一定距离之外。而攻击者对此毫不介意，三次挥舞长剑，迅速地刺入猎物的胸膛，第一次刺第三节，最后刺第一节，刺第一节时它的长剑比任何时候都更为坚定。

然后，毛刺砂泥蜂放松幼虫，在原地跺着脚，用颤抖的跗节，轻轻地反复敲打钟形罩底座的纸板；它平躺在地上，缓缓地爬行，站起来，又躺下，翅膀不时抽搐抖动。有时，它将大颚和前额贴在地上，以后足为支撑抬起身体后半部分，好像要翻筋斗一样。我从这个动作看到了昆虫是多么灵活，我们沉浸在成功的喜悦中时会搓搓手，毛刺砂泥蜂也以自己的方式庆祝自己战胜了庞然大物。在狂热的胜利喜悦中，受伤者做了什么呢？它无法行走，胸部以下的身体蜷缩成一团，不安地抖动，当碰到砂泥蜂时，便舒展开来，大颚丌丌合合，做出恐吓对方的样子。

当毛刺砂泥蜂重新开始攻击时，幼虫的背部被牢牢抓住。除了胸部已经受过攻击的三个体节以外，幼虫腹面所有体节都从上而下，依次遭到了砂泥蜂螫针的攻击，经过第一次进攻之后，幼虫可能引起的任何危险都已经消除；现在这捕食性膜翅目昆虫的一员，不像起初那样匆忙地处理猎物了，它从容不迫地以它独有的方式，将螫针刺入猎物体内，又抽出螫针，选点，刺入，再着手刺下一个体节，每次都注意从靠后一点儿的位置咬住幼虫的背部，使螫针能更好地刺入要麻醉的部位。之后，幼虫第二次被放松开来，它已经完全失去了活动的能力，只有大颚依然能做出威胁对方的撕咬动作。

接着，砂泥蜂第三次进攻它，用足紧紧抓住被麻醉的猎物，用铁钩一般的大颚，从胸部第一体节的基部咬住猎物的颈部。在近10分钟之内，它一直不停地咬住这个弱点，这一点紧靠幼虫的脑神经中枢。砂泥蜂咬的动作极为突然，但每次都是有间隔、有节奏的，仿佛每次它都要判断一下攻击的效果。它不断地重复这一动作，直到我烦得不再想为它的动作计数，毛刺砂泥蜂才停下来，而幼虫的大颚也不再有活动能力了。然后，砂泥蜂开始将猎物搬回洞穴，搬迁过程因与主题无关，暂不赘述。

我刚刚简单地讲述了悲剧的全过程。虽然悲剧经常发生，但并非千篇一律，因为动物有别于机器，机器齿轮的旋转产生的效果是相同的，而不时发生的意外，允许动物有一定的行动自由。如果有人期待他观察到的曲折战斗场景总能恰如我所说的，那么他难免会感到失望。或多或少不同于一般规律的特殊情况，当然也会发生，而且还不少，我最好只将主要过程告诉大家，使将来的观测者对此做好心理准备。

下面这种情况也不少见：在第一步行动中，在麻醉猎物胸部的过程中，捕猎者不是蜇中胸部的三个环节，可能只是蜇中其中两个，或者只是一个，那么，它可能选择最靠前的环节。毛刺砂泥蜂非常坚定地实施这一击，可见这一蜇是所有攻击中最重要的。当捕猎者准备蜇猎物胸部的时候，可能只想驯服俘虏，使其不伤害自己，同时在实施漫长而精细的第二步行动时打乱对方的阵脚，难道这种想法是不合乎情理的吗？我认为此观点可以接受。那么，如果只蜇两下甚至只蜇一下就足够，为什么不这样做呢？我想这应该考虑到幼虫的生命力。无论如何，在第一次攻击中免遭攻击的体节，在第二步行动中必然受损；我甚至曾经观察到在捕猎行动开始时，以及猎物已被制服之后，胸部三体节两次受到攻击。

同样，毛刺砂泥蜂由于胜利的喜悦，在因受伤而痛苦扭曲的幼虫身边跺脚的场景，也有例外。有时，捕猎者并没有将猎物放开一小会儿，而是马上从胸部转到剩下的体节，一次性完成攻击，两步之间没有出现喜悦的停顿，翅膀兴奋地颤抖和翻筋斗的姿势也被取消了。

毛刺砂泥蜂蜇刺猎物，一般是从前至后按顺序麻醉猎物的所有部位，甚至肛门，不过，我常常观察到它没有麻醉猎物的最后两三个体节。另一种很罕见的例外情况，我只观察到一次：毛刺砂泥蜂在第二个步骤中弄反了螫针麻醉的顺序，从后向前蜇刺猎物。

那时，毛刺砂泥蜂抓住幼虫的尾部，向猎物的头部前进，从反方向一个接一个体节地蜇刺幼虫的身体，其中也包括幼虫胸部已被刺伤的体节。我还高兴地发现，反方向的行动对毛刺砂泥蜂来说是一种消遣。不管是不是消遣，其效果和直接攻击是相同的，幼虫身体的所有体节都被麻醉了。

最后，毛刺砂泥蜂用老虎钳般的大颚挤压幼虫颈部；而咬住颚下和胸部第一体节之间的动作，有时做，有时却被忽略。如果幼虫铁钩般的大颚张开做出恐吓状时，毛刺砂泥蜂就咬幼虫的颈部让它平息下来；如果麻木已经扩及幼虫的全身，那么毛刺砂泥蜂也不再有其他的行为。这种行动并不是必不可少的，但对搬运猎物是有益的。幼虫由于身体过于沉重，不便于携带飞行，于是毛刺砂泥蜂只有用足抓住幼虫的身体拖着行走。如果幼虫的大颚能继续活动，就会使它极不灵活，也会对毫无防备的运输者构成威胁。

另外，在返回洞穴的路上，经过荆棘丛生的矮树丛时，黄地老虎幼虫有时会抓住一缕细草做死命的反抗，阻挠砂泥蜂拖拽。毛刺砂泥蜂一般只在捕获猎物之后，才着手修理、整饬洞穴。在兴挖洞穴的过程之中，猎物总被放在高处，下面铺着几缕细草和几根灌木的细枝，以防猎物被蚂蚁搬走。毛刺砂泥蜂时不时放下挖掘洞穴的工作，跑过去打探一下猎物是否还在。这既是提醒自己猎物的存放地点，同时也是警告那些企图有所动作的盗贼。当砂泥蜂准备将猎物从隐藏处拿出来的时候，如果幼虫猛地咬住几根荆棘枝，深扎在其中，困难就无法克服。强悍的、铁钩般的大颚，是被麻醉的幼虫抵抗攻击的唯一手段，所以砂泥蜂一定要让它在运输的过程中失去活力，于是，它通过咬幼虫颈部，挤压它的脑神经节来化解威胁。尽管幼虫身体的麻木无力只是暂时的现象，迟早会消散，但是那时幼虫已被放入储存室，毛刺砂泥蜂的卵已经小心翼翼地隔着一定距离产在幼虫的胸前，已经不必害怕幼虫可怕的铁钩般的大颚。毛刺砂泥蜂用大颚咬幼虫，使其头部神经节遭受麻痹的方法，与大头泥蜂粗暴地对待蜜蜂尸体、吸空蜜囊的行为，不具有可比性。黄地老虎幼虫的捕猎者只不过使猎物的大颚暂时麻痹；蜜蜂的啮噬者则将猎物体内的蜂蜜挤压出来。只要略有判断力的人，就不会将两种行为混淆起来。

　　我暂时不想过多追究毛刺砂泥蜂的捕猎方式，先来看看它的同类是如何捕猎的。经过长时间的拒绝之后，沙地砂泥蜂，这种9月里十分常见的昆虫，最终还是接受了我所提供的猎物———一只石笔^①大小的凶猛幼虫。当沙地砂泥蜂一鼓作气对付黄地老虎幼虫时，如果只用外科的分析方法，就无法将它和毛刺砂泥蜂的行为区分开来。除了最后三个体节之外，从前胸开始，猎物所有的环节由后而前都被沙地砂泥蜂刺伤。这种以简洁的方式取得的单一成果，使我忽略了其他次要的行为，我毫不怀疑，这些次要的行为应该和毛刺砂泥蜂的猎捕行动差不多。

　　这些次要的行为尚未得到证实，比如因胜利的喜悦而跺脚和挤压猎物颈部，但我十分愿意接受，尤其当我看到猎捕者这样对待尺蠖时更是如此。尺蠖与其他幼虫只是外部形态不同而已，它们与普通体形的黄地老虎幼虫的内部构造完全一致。柔丝砂泥蜂和朱尔砂泥蜂^②都十分喜欢这种奇怪的快步爬行的猎物。对于柔丝砂泥蜂，我必须在8月大部分的时间经常更换，因为它总是拒绝我给它提供的食物；朱尔砂泥蜂则很快就接受了我提供的食物。

———————————

① 石笔：可在石版上写字或作画的工具，以叶蜡石或滑石制成。——校注
② 请查看卷一中关于这种命名方式的资料。——原注

我供给朱尔砂泥蜂的是浅褐色细长体形的尺蠖，它们是我在茉莉花上捕获的。朱尔砂泥蜂的进攻毫不迟疑，幼虫的颈部被咬住了，它因痛苦而剧烈地扭动，使得进攻者在战斗中时而在上，时而在下。猎物首先是胸部的三个体节由后而前地被蜇中，蜇针在颈部附近停留的时间比其他各处都长。这一步完成之后，朱尔砂泥蜂放开猎物，跗节欢快地踩着，翅膀抖得发响，四肢伸展，我再次看到胜利者翻筋斗，前额贴地，身体后部抬起。这种胜利后的滑稽表演，与黄地老虎幼虫的捕猎者胜利后的举动一模一样。之后，幼虫再度被抓起，并未因胸部三个体节受伤而减轻扭动力度，尽管如此，所有仍未损伤的体节仍然从后而前被一一蜇伤。我本以为朱尔砂泥蜂的蜇针不会蜇猎物胸足和腹足之间的部位，因为我认为，在没有防御器官和运动器官分布的体节，捕猎者不需要进行小心谨慎的外科手术。我错了，没有任何体节能幸免于难，甚至是尾部的体节也遭到了蜇伤。最后的体节，能利用腹足紧紧抓住对方，如果捕猎者忽视了它们就会十分危险。

　　我还观察到，朱尔砂泥蜂的蜇针在第二步行动中，比第一步表现得更为敏捷，或许是因为幼虫遭受胸部的三下攻击之后，已经半屈服，有利于蜇针在第二步行动中顺利蜇中目标，或许是因为在第一步行动中，幼虫已被注射了毒液，只要再加少许毒液，离头稍远的体节就变得毫无抵抗能力，那么其他体节就不需要再次麻醉，没有任何部位比第一个体节的麻醉更为重要。在短暂的中场胜利喜悦的演出之后，朱尔砂泥蜂再次抓起尺蠖，迅速地蜇刺。有一次我观察到它不得不重新再做一次手术，当它轻率地蜇过所有的体节之后，受伤的幼虫依然能够垂死挣扎，于是行动家毫不犹豫地再次拔出手术刀，对尺蠖进行第二遍麻醉手术，麻醉幼虫除了已经完全麻痪的胸部以外的所有体节。之后，事情就步入正常轨道，幼虫再也无法有任何的活动能力了。

做完螫针手术之后，对长而弯如大钩般的大颚做手术，也是不可省略的。朱尔砂泥蜂的大颚咬住被麻醉者的颈部，时而在上方，时而在下方。它突然咬住对方的颈部，两次动作之间有较长的时间间隔，这完全是重复毛刺砂泥蜂的动作。朱尔砂泥蜂定时定量的攻击、认真的姿势都仿佛告诉我们，攻击者在实施新一轮攻击之前，正认真地检查前一轮攻击产生的效果。

朱尔砂泥蜂的证明是多么的珍贵，它告诉我们，捕猎尺蠖及其他普通幼虫的昆虫，运用完全一样的方式攻击猎物；它还告诉我们，无论猎物外形上的差异如何之大，只要猎物的内部结构是一样的，都丝毫不能改变捕猎者攻击的行为。决定螫针的攻击点的，是神经节的数量、分布状况，以及神经中枢独立活动的能力；决定捕猎者攻击战略的，是猎物内在的结构，而非外表体态。

在结束本章之前，我再举一个神奇的解剖学例子。我曾从毛刺砂泥蜂的手中夺过一只刚刚被它麻醉的舟蛾幼虫。与其他普通幼虫相比，它的外表是多么奇怪呀！舟蛾幼虫的颈部呈玫瑰色，昂首挺胸，缓缓颤动着两根尾须向前爬行，一副神秘莫测的样子。那个带给我这只舟蛾幼虫的小学生，不相信这个长相奇特的家伙也是一种幼虫，甚至有时候成年人折断树

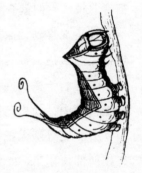

舟蛾幼虫

枝发现它时，也不相信它是一种幼虫；而它的确是的，因为砂泥蜂用同样的方法对付它。我用针尖剥开这个怪物身体的所有体节，所有部位都失去了感觉能力，所有体节都被毛刺砂泥蜂刺伤了。

第十三章 🐝 土蜂的方法

各类砂泥蜂都通过多次进攻来麻醉猎物，剥夺头部以外各部位主要神经中枢的反应，以便猎取为食物。了解了砂泥蜂之后，我开始观察其他昆虫的捕猎情况。这些昆虫以捕猎除头颅以外无角质层保护的昆虫维生，但不像砂泥蜂那样多次进攻，只实施一击。土蜂就是捕猎这些无角质层保护的昆虫。根据种类不同，它们的主要食物相应为花金龟、蚱犀金龟、绒毛害鳃金龟柔软的幼虫。那么，土蜂是否能符合第二个条件呢？我相信，根据猎物中枢神经系统的解剖情况，在关于土蜂的故事中，我预言，土蜂只用螫针螫猎物一下，我甚至可以明确指出螫针要螫入的攻击点。

这些结论是通过解剖者的解剖刀证实的，没有任何亲自观察到的证据。土蜂的攻击行动是在我观察不到的地下进行的，我觉得它的行为总是看不到的。确实，我怎么能希望在土壤的黑暗中捕猎的昆虫，决定在光天化日之下捕猎呢？我对此不抱希望。但为了问心无愧，我还是尝试将一些土蜂和它的猎物，一同置于钟形罩下进行观察。结果我竟从中受益，竟获得了意想不到的成功。除了大头泥蜂，还没有任何捕食性昆虫在人为条件下，这么卖力地表演捕猎的技巧。所有用于实验的土蜂，都或迟或早地补偿了我耐心的等待。我仔细观察一只正在对付花金龟幼虫的双带土蜂。

双带土蜂

被囚禁的幼虫企图逃离身边这个可怕的邻居，它仰面朝天，顽

177

强地爬行，在钟形罩底来回转圈。很快，土蜂注意到了它，它不停地用触角连续敲打桌面，这时桌面就好比是土蜂习惯的泥土。土蜂冲向猎物，用尾部猛攻这个庞然大物。它以腹部末端为支撑，立起身子伸向花金龟幼虫。被攻击的幼虫仰面朝天爬得更快，并没有蜷成一团做出防御姿势。土蜂爬上幼虫前部，将猎物压在身下，当作暂时的坐骑；当然它也会摔跤，也会发生各种事故，这都取决于幼虫的容忍程度。然后，土蜂在上面用大颚咬住花金龟幼虫的胸部，将自己的身体横过来，弯曲成弓形，努力使腹部末端的螫针到达适当的攻击区域。由于身体弯曲成弓形往往稍短，无法罩住猎物肥胖的身体，因而土蜂的尝试和努力往往要反复数次。它的腹部末端这里试一下，那里试一下，不停的尝试使它精疲力竭，可它仍不肯罢休。土蜂如此顽固地寻找，表明麻醉师对螫针的攻击点十分重视。

幼虫继续挣扎着仰面爬行，突然，它蜷成一团，头部一扭，将敌人远远地摔出去。不过，土蜂没有受到失败的影响，重新站起来，抖抖翅膀，再次冲向肥胖的猎物。土蜂几乎总是以身体的后部攀上幼虫的身体，在经过许多次无效的尝试之后，土蜂终于找到了合适的攻击姿势。它将自己横着缠在花金龟幼虫的身上，大颚从背部咬住幼虫胸部；身体弯曲成弓形，伸到猎物下方，腹部末端伸到猎物颈部附近。处在危难之中的花金龟幼虫痛苦地扭曲，一会儿蜷成团，一会儿又伸展开来，来回打滚。土蜂没理会它，还是牢牢地抓住猎物的身体，借助幼虫扭曲的力量，任凭幼虫带着它时上时下、时左时右地翻滚，场面之激烈，使得我能揭开钟形罩，一览无余地观察到悲剧的所有细节。

总之，尽管场面繁乱，土蜂仍感觉到腹部末端已寻到了合适的位置，只有在那时，土蜂才拔出螫针刺进去。只要螫针刺入猎物的体内，攻击就算完成了。起初还比较活跃、有些紧张的花金龟幼虫，突然间变得松弛，全无生机。它被麻醉了，除了触角和口器证明它还残存一线生命，便再也没有任何行动。我从钟形罩里观察到的一系列战斗，土蜂的攻击点没有任何改变，这一点位于前胸和中胸的腹板交界线中央。象虫的捕食者节腹泥蜂，也在同一点将螫针刺入象虫体内，因为象虫集中的神经链同花金龟幼虫的神经链结构一致，神经组织的相同决定了攻击方式的一致。我还注意到，土蜂的螫针在猎物的伤口上停留了一段时间，并固执地在伤口处搜寻。看到土蜂腹部末端有如此动作，我可以说，土蜂的武器在探索、选点。当螫针从狭小的区域一侧拔出之后，它很可能是在寻找一些小的神经节，这是土蜂应该刺伤，或者应注入毒液而进行迅速麻醉的地方。

如果不提及其他一些次要的事实，我不会就这样结束决斗的叙述，双带土蜂是贪婪的花金龟幼虫捕食者，我曾观察到一只双带土蜂母亲，一口气螫刺了三只花金龟幼虫。它拒绝了第四只猎物，可能是由于身体疲劳，也可能是体内的毒液已经用完。但拒绝只是暂时的，第二天，它又开始捕猎，麻醉了两只猎物；第三天它仍然继续捕猎，不过热情日益降低。

另一些喜欢远征的捕食性昆虫，也以各自的方式抢劫、拖拽、运输已失去活力的猎物。它们扛着沉重的包袱，长时间地试图从钟形罩中逃走，回到洞穴之中。然而，一切尝试都是徒劳的，最终它们失去信心，放弃了逃走的念头。土蜂并不移走猎物，就让猎物一直仰面躺在被谋害的现场。土蜂将螫针从猎物的伤口中抽出，将猎物留在原地，自己则沿着钟形罩壁飞来飞去，并不理会猎物。在泥土中，在正常条件下，事情也应该是这样进行的。被麻醉的猎物并没有被搬到别处，搬进特殊的地下室，而是就在战斗现场，腹部被放置了土蜂的卵，从卵里孵化出的幼虫便以这鲜美的猎物身体作为食物。土蜂就这样节省了营造家室的力气。当然，土蜂并没有在钟形罩下产卵，因为土蜂母亲过分谨慎，不愿让卵处在危险的露天里。

为什么明知并不处在地下环境之中，土蜂仍然捕猎此时对它毫无用处的花金龟幼虫，而且捕猎的劲头并不亚于大头泥蜂对蜜蜂的捕猎欲望呢？大头泥蜂在维系子女生活需求之外的捕猎，还可以用它对蜂蜜的贪欲来解释，而土蜂的行为却让我感到困惑。它并未从花金龟幼虫身上吸取任何的体液，也并没有产卵就将猎物丢弃了；它用螫针麻醉猎物，却不知这时捕猎行动毫无用处。既然没有松软的土壤，搬运猎物也就不可能了。其他一些被我囚禁的捕猎者一旦捕猎得手之后，至少会用足试着带猎物逃出钟形罩，而土蜂却未做任何尝试。

在深思熟虑之后，我把对这些聪明的昆虫外科专家的怀疑归纳起来，觉得它们根本没有事先考虑到卵。当它们由于战斗而精疲力竭，同时也认识到想逃出钟形罩是不可能的时，最聪明的做法是停止战斗。可是，它们几分钟之后又再次开始捕猎，显然这些出色的解剖学家对此一无所知，甚至对于猎物所为何用也知之甚少。作为屠杀和麻醉的高手，只要机会成熟，它们便开始屠杀、麻醉猎物，不管最终的结果如何。它们的才能无法用我们的知识来理解，它们对自己的行为根本没有意识。

第二个让我震惊的细节，是土蜂捕猎战斗的激烈程度。我曾观察到，在土蜂找到合适的攻击位置，腹部末端到达螫针应该刺入的攻击点之前，战斗持续了整整一刻钟，其间频频出现失手和得胜的战况。攻击者一被推开，马上又发起进攻，多次用腹部末端贴在猎物身上。虽然我看到猎物一次次因蜇痛而跳起，但攻击者始终没有拔出螯针。只要土蜂的武器没有找到适合的攻击点，土蜂就绝不会拔出螯针刺猎物别的地方。它不在猎物身体的其他部位进行攻击，决不是取决于花金龟幼虫的外部组织，因为它除了头颅以外，其他部位都是柔软而易受攻击的。土蜂螯针所寻找的攻击点和猎物身体的其他地方一样，都在皮层的保护之下。

在与猎物的战斗中，土蜂将身体弯曲成弓形，但有时也会被身体收缩蜷曲似老虎钳的花金龟幼虫牢牢箍住。对此土蜂显得并不在意，它丝毫没有放松大颚和腹部末端的攻击行动。这时两只昆虫扭打在一起，胡乱地翻滚，时而你压住我，时而我压住你。当花金龟幼虫从对手的魔爪中解脱之后，它又舒展开来，匆忙地仰面朝上爬行逃跑，它实在没有其他防御伎俩。在没有观察到这一现象之前，我只是凭着感觉，一厢情愿地认为，幼虫的这种诡计同刺猬防御敌害的方法，有异曲同工之妙。刺猬蜷成一个刺球，嘲笑以自己为捕猎对象的猎狗的无能为力。花金龟幼虫也会用连我也难以用手掰开的力量蜷缩起来，傲慢地嘲笑土蜂无法让它舒展开来，无法在它身上找到合适的蜇刺点。我曾希望并相信，花金龟幼虫有这种简单有效的防御方法，然而我对花金龟幼虫的智商估计过高了，它并不像刺猬一样始终缩成一团，而是仰面朝天地逃跑。它愚笨地采取的这种姿势，恰恰给了土蜂天赐良机，可以跳到它身上，找到致命的攻击点。这个愚蠢的家伙让我想起糊涂的小蜜蜂，它蠢笨地将自己送入大头泥蜂的魔爪之中。这又是一个没有从生存战斗中吸取教训的家伙。

现在我来看看其他昆虫的表现。我刚刚捕获一只正在挖掘沙子

沙地土蜂

的沙地土蜂，无疑它在寻找猎物。我必须尽早用它来做实验进行观察，以免它由于被囚禁而影响捕猎的欲望。我知道它所需要的猎物，是南方害鳃金龟幼虫；根据我以前搜集的情况，根据害鳃金龟挖洞穴的常见地点，我知道在周围山坡上迷迭香花下落英缤纷的沙中，便能找到南方害鳃金龟的幼虫。寻找它是一件艰苦的活，因为很平常的东西在需要找到它时，就会变得极为罕见。我请父亲帮助我，他已是九旬老人，但体格依然强健，仿佛一个笔直的"1"字。在一个骄阳似火的日子，我们扛着鹤嘴锄和三齿耙出发了。我们轮流工作，在沙中挖开一条沟渠，希望能找到害鳃金龟幼虫。我的希望没有落空，在翻遍、捏碎至少两立方米的沙壤，累得满头大汗后，终于捕获了两只南方害鳃金龟的幼虫。这事也真够烦人的，我不想要时，却会一抓一大把。我那点可怜却十分珍贵的收获，已经足够暂时之用。明天，我还会更卖力地继续挖掘。

那么现在，我可以在钟形罩下观察悲剧的发展，补偿我们辛苦的挖掘工作。土蜂行动笨拙迟钝，在罩内慢慢地踱来踱去，但一看到猎物，它的注意力就集中起来。战斗即将爆发之前，沙地土蜂和双带土蜂做着一样的准备活动：把翅膀抖得发响，用触角尖轻轻敲打桌面。嘿，勇敢些，攻击开始了！大肚子的害鳃金龟幼虫足短且无力，而且无法像花金龟幼虫那样，以独特的四脚朝天的姿势逃跑，于是它没想过要逃，只是盘作一团。土蜂用铁钩般的大颚猛咬害鳃金龟幼虫的皮肤，一会儿咬这里，一会儿又咬那里。土蜂身体弯曲成弓形，身体两端几乎合拢在一起，它努力把自己的腹部末端挤进幼虫身体盘成螺旋状的窄小开口里。战斗平静地进行，没有曲折打斗的场景，倒有点像一个裂开了的活动环扣，固执地企图将一端插入另一个同样裂开的活动环扣当中，而这个环扣同样固执地想将两端闭合起来。土蜂企图用足和大颚征服猎物，它试着从一侧进攻，然后从另一侧尝试，始终无法解开猎物蜷成的坏扣，而猎物由于越来越深的危机感，因而收缩得越来越紧，土蜂的进攻十分困难。当它猛烈攻击之时，害鳃金龟幼虫便滑到一边，由于没有固定的支撑点，螯针无法找到理想的攻击点；就这样，徒劳的进攻持续了一个多钟头，当然也会间或地休息几次。战斗期间敌对双方就像两个紧套在一起的环扣。

强壮的花金龟幼虫该怎么做，才能与比它弱得多的双带土蜂抗衡呢？它应该学害鳃金龟幼虫，把像刺猬一样蜷成一团的防御姿势，保持到敌人撤退为止。但它一心只想逃跑，因而将身体舒展开，这正是它的失策之处。而害鳃金龟幼虫则一动不动，保持有效的防御姿势并取得了成功。它的谨慎小心是天生的吗？不是的，因为在光滑的桌面上，它根本不能有别的防御办法。害鳃金龟幼虫身体肥胖、沉重，腿足无力，而且身体像花金龟幼虫一样弯成钩子，很难在平坦的表面行动，只能艰难地侧躺着爬行。只有在疏松的土壤之中，它才会以大颚为挖土工具，掘出通道，钻进土里去。

如果沙子能缩短战斗的时间，那么，我就不需要等一个多小时还无法预见结果，于是我在罩底浅浅地撒了一层沙子。土蜂的攻击更为猛烈了，而害鳃金龟幼虫由于感觉到沙子的存在，便有了逃跑的念头，因而变得冒失。我曾说过，害鳃金龟幼虫顽强地盘成一团，并不是出于天生的小心谨慎，只是时势所逼。不幸的过去，残酷的教训，并没有教会它，在危险的时候，盘紧身体对它是多么有利。害鳃金龟幼虫在长大之后，便遗忘了年幼时已掌握得很好的防守方法，盘成一团进行防御。

我又用一只害鳃金龟幼虫重复实验。这只幼虫体形大，不容易在土蜂推动之下滑走，但它在受到猛烈攻击时，没有像那只小了一半的幼虫一样蜷缩成环形。它胡乱地抖动，侧身躺着，呈半开状。为了全力防御，它扭动身子，大颚一开一合；而土蜂则用长满密毛的足，牢牢箍住猎物撕咬，在近一刻钟的时间里，朝这块肥肉胡乱地挥舞螫针。最后，扭打不那么激烈了，螫针找到了合适的部位和良好的进攻时机，于是螫针从猎物颈部下方与前足平行的中心点刺入。这一击的效果立竿见影，除了头部的附器、触角和口器外，幼虫全身呆滞了。同样的捕猎结果，同样在一个明确的点刺入，我的饲养笼中不时更换的其他猎手，捕猎情况都是如此。

在结束之前，我再补充一点，沙地土蜂的攻击行动比双带土蜂要缓和得多。这种善于掘沙的膜翅目昆虫，步态沉重，动作几乎如机械般僵硬，而且不轻易拔出螫针再次攻击。大部分用作实验的沙地土蜂，都拒绝我提供的第二只猎物，第二天甚至第三天也这样；只有当我用麦秆反复纠缠时，它才再次进行捕猎的攻击行动。而更为灵活、更有捕猎激情的双带土蜂，则对猎物来者不拒。不过，这些贪婪的家伙都有不活跃的时候，那时它们不会去打扰另一只新的猎物。

由于缺乏对其他种类的土蜂的研究素材，我对土蜂的了解还远远不够。但这并不重要，因为从中得到的结果，对于我个人的见识还是有不小的帮助。在看到土蜂如何捕猎之前，我根据对其猎物的解剖而断言，花金龟、害鳃金龟、蛀犀金龟的幼虫，都应该是遭到捕猎者一击而被麻醉的；我甚至可以精确指出螫针的攻击部位，就是在紧靠前足胸部的中心点。这三种受害者，我观察过其中两种的身体结构，我相信第三种也不会违背这一规律。这两种受害者，都只被螯针攻击了一次，而且都在事先就确定的部位被注入了毒液。一台天文计算器预测星球的位置也不会比这更准。对未来的精确推测，对未知的准确预言，都必须是从反复实验中得来的。那些鼓吹偶然概率的人，什么时候才会接近成功的边缘呢？规律便是规律，任何偶尔发生的事情都不能成为规律。

第十四章 蛛蜂的方法

普通幼虫、尺蠖、花金龟幼虫、害鳃金龟幼虫，没有角质层保护，几乎全身都可以被螫针刺入，而它们的防御方法除了大颚一张一合威胁对方，就是身体蜷成一团拼命挣扎。这使我想到我曾在钟形罩下观察过的另一种受害者——蜘蛛，它虽然拥有一对令对手生畏的带毒液的螫肢，但防御的本领却极为低劣。环带蛛蜂是用怎样特殊的方式，攻击黑腹狼蛛这样可怕的蜘蛛的呢？要知道狼蛛只需一击便可致鼹鼠或麻雀之类的动物于死地，就算人类对它也惧怕三分；那么环带蛛蜂又是怎样对付比自己更强健且能分泌剧烈毒液的对手的呢？这个对手往往会将攻击者作为美味的午餐呀！在所有捕食性昆虫中，没有谁能像蛛蜂这样面对如此实力悬殊的战斗，战斗的场面往往是攻击者更像是被攻击的猎物，猎物却往往扮演着攻击者的角色。

这个问题我必须耐心地进行研究。我曾根据蜘蛛的身体结构，模糊地预感到狩猎者只在猎物胸部中心位置刺了一下；但是这并不能解释，蛛蜂为何能够成功且安然无恙地捕获猎物，我应该更仔细地观察。但是，观察并非易事，困难在于蛛蜂极为少见。在需要的时候捕获狼蛛十分容易，我家附近的山坡上尚未开垦的葡萄地，可以为我提供足够的狼蛛；然而捕获蛛蜂却不

5

环带蛛蜂

然。我对此并不抱有多大的指望，因为专门去寻觅大多是没有什么结果的，刻意去寻找蛛蜂往往就意味着找不到。也许只有偶尔的幸运才能为我带来几只蛛蜂，我有这样的运气吗？

我有的，一个偶然的机会，我在花丛中捕到了一只蛛蜂。第二天，我便去捕了半打狼蛛，这样，我就能一只一只地使用狼蛛进行实验，反复观察它与蛛蜂的决斗。当我外出捕获了狼蛛之后，幸运女神再度青睐我，满足了我的愿望，第二只蛛蜂被装进了我的饲养笼：当时它正抓住猎物的一只足，拖着已被麻醉的蜘蛛行进在满是灰尘的大道上。这个新发现给了我很大的启示：产卵期来临之际，我想蛛蜂母亲接受另外的猎物代替它目前的俘虏，它是不会有太多犹豫的。我就是这样捕获两只蛛蜂的，并将它们分别同一只狼蛛一起放在钟形罩下。

我仔细地观察，片刻之后将要发生怎样的悲剧呢？我等待着，心情十分焦急……但是……发生了什么呢？决斗双方哪一个是被攻击者，哪一个又是攻击者呢？双方仿佛调换了角色。蛛蜂由于无法爬上光滑的钟形罩壁，在钟形罩底大步地踱来踱去。它神情高傲，行动敏捷，抖动着翅膀和触角，来来回回地走动。蛛蜂很快就发现了狼蛛。它毫无惧色地靠近猎物，围着狼蛛转圈，仿佛想要冲过去抓住对手的一只足。但是狼蛛立刻竖直身体，以后面四只步足为支撑，前面四只步足伸直张开，准备展开反击。它那铁钩般带毒的螯牙尽力张开，一滴毒液在牙尖闪闪发光。没有什么比看到这些更让我毛骨悚然的了。在这令人生畏的姿势中，狼蛛将强健的胸部和长有黑毛的腹部展现在敌人眼前。受到威吓的蛛蜂突然转过身去，匆忙远离猎物。狼蛛于是闭上带毒的螯牙，又恢复到平时的姿态，八足着地；但是一旦蛛蜂有任何细小的进攻企图，它马上又做出可怕的样子威胁对手。

狼蛛还表现得更勇敢，它突然跳起来，扑向蛛蜂，迅速地将蛛蜂箍住，用螯牙猛咬对方。然而，蛛蜂并没有用螯针还击，却从对手猛烈的进攻中安然无恙地逃脱了。我好几次观察到这样的场面，蛛蜂都未受到重创，便迅速从对方的攻击中逃脱了。接着蛛蜂继续发动攻击，它的行动与反应和起初一样大胆而敏捷。

这个从铁钩般的螯牙里逃出来的家伙，真的是蜘蛛无法伤害的天敌吗？显然不是的，如果蜘蛛真正咬伤了对手，往往是致命的。一些体格健壮的大个蝗虫也会死于狼蛛手中，那么，为什么体格如此纤细的蛛蜂，却能不受它伤害呢？蜘蛛的螯牙对于蛛蜂而言空有可怕的外表，实际上牙尖并没有咬住对手的身体。假设蜘蛛的攻击实实在在命中了蛛蜂，我会看到带血的伤口，看到蜘蛛的螯牙在对方伤口上紧闭一会儿；然而，我十分仔细地观察，也没有看到类似的行为发生。那么蜘蛛的毒牙钩是否无法刺穿蛛蜂的皮肤呢？也不会。我曾观察到蜘蛛的螯牙穿透蝗虫那坚硬得多的前胸甲，把胸甲"刺啦"撕裂。我再一次提出问题，蛛蜂从蜘蛛魔掌中安然逃脱出来的豁免力从何而来呢？我不知道。然而狼蛛在面临死亡的威胁之时，没用螯牙真正反击对手，它的踌躇不决，我也无从解释。

除了威吓对手的姿势和毫无杀伤力的打斗之外，我的观察一无所获。于是，我决定修改战斗双方作战的环境，使其更接近于自然。由桌面代替土壤非常不好，而且狼蛛也没办法建造坚固的城堡，它居住的洞穴在攻击和防守之时也许有一定作用。于是，我在一大块铺满沙子的区域中，垂直插入一根芦竹，这便是狼蛛的"安全井"。我又在其中放了几朵涂了蜜的花朵作为蛛蜂的食堂，并放进一对蝗虫充作狼蛛的食物，一旦食用完毕就重新补给。我就这样在笼中建了一处舒适的居室，向阳而且通风，足以使两个珍贵的俘虏能在金属网罩中存活更长的时间。

人造的环境并未达到预期的效果，实验没有结果便结束了。一天过去了，两天，三天，依然毫无进展。蛛蜂感兴趣的是产蜜的头状花序植物，一旦吃饱之后，它便爬上笼顶，不知疲倦地转圈；狼蛛则静静地啃着它的蝗虫。一旦蛛蜂进入它的视野，狼蛛便猛地竖直身体，用威胁的姿势请对手远离自己。芦竹这个人造的洞穴，也充分发挥了作用，狼蛛和蛛蜂轮流进入其中躲避，却没有发生任何争执。悲剧的序幕已经拉开，而悲剧的发生却被无限期推迟了。

我只剩下最后一条研究的路径，对此我抱有极大的希望。我打算将两只蛛蜂放到真实的自然环境之中，放在蜘蛛的洞穴口实地观察。我带着工具，出发行动了，这是我第一次带着它们在田野里散步，我随身还带了一个玻璃钟形罩、一个金属网罩和其他各种必要的工具，以便顺利地操纵、转移我那些脾气暴躁而危险的小东西。我在乱石中、百里香丛中、薰衣草丛中寻找蜘蛛的洞穴，很快便有所收获。

这是一个极好的洞穴，我用一根麦秸伸入洞内探测，知道洞穴里居住着一只身材符合要求的狼蛛。我将洞口周围打扫干净，刨平整，以便将金属网罩安放在洞穴口上方，然后将一只蛛蜂放入金属网罩内。现在是抽根烟，坐在石子堆中等待的时候……结果又是白忙乎一场，半个小时过去了，蛛蜂只是在金属网罩上方来回盘旋，同在家中观察到的一样。它对面前这个洞穴一点儿兴趣也没有，而我清楚地观察到，洞穴里狼蛛的眼睛发出钻石一般的光芒。

我用玻璃钟形罩代替了金属网罩，因为玻璃罩使蛛蜂无法爬到高处，它不得不落到地面上，最终发现了这个似乎还不知道的洞穴。在地面上踱了几圈之后，蛛蜂便开始注意眼前的洞穴了，并用足将洞挖得半开，随后钻入洞穴之中。它的大胆使我十分惊讶，这的确是我事先没有预料到的。在猎物爬出洞外时出其不意地扑上去并不稀奇，但是蛛蜂猛地冲入猎物的洞穴之中，而狼蛛正挥舞着可怕的布满毒液的螯牙在洞里等待着，这种场面是很少见的啊！蛛蜂的莽撞会导致什么后果呢？洞穴中传出了扇动翅膀的声音，大概是由于入侵者的攻击，狼蛛在自己的洞穴里已经和入侵者厮杀起来了。这清脆的扇动声如果不是死亡前的哀乐，可能正是蛛蜂胜利的赞歌。不过，入侵者也许会变成可怜的牺牲品。这两只昆虫，谁将活着从洞穴中出来呢？

狼蛛首先从洞穴中匆忙地跑出来，做出防御的姿势驻扎在洞口，张开螯牙，伸直四只足。蛛蜂被狼蛛刺死了吗？才不是呢，蛛蜂也从洞中出来了。它经过狼蛛身边时，受到驻扎在洞口的狼蛛的攻击，但狼蛛又立刻逃进了自己的洞穴里。第二次，第三次，狼蛛总是没有任何伤势便从洞中逃出，总是在洞口等待侵略者的出现，向它稍做惩罚，便再次钻回洞穴之中。我轮流使用两只蛛蜂进行实验，并且不断更换洞穴，但没有新的发现和收获。要让悲剧发生可能还需要其他条件，然而我却无法制造这些条件。

一次又一次徒劳无益的重复使我十分失望，我决心放弃这个实验。尽管如此，我还是从实验中观察到了具有一定价值的现象：蛛蜂为何会毫无惧色地闯入狼蛛的洞穴，将狼蛛从洞穴中赶出来呢？我想，即使没有钟形罩罩在洞穴上方，结果也不会有所不同。狼蛛被从家中驱逐出来之后，惊慌恐惧，更会做好准备攻击对方。另外，在狭窄的洞穴这样局促的空间里，蛛蜂很难精确地控制螯针并完成理想的攻击。蛛蜂再一次大胆地闯入，而且更清晰地展现了我在实验桌上观察到的情况：狼蛛用螯牙去蜇蛛蜂时顾忌重重。当双方在洞穴深处面对面的时候，正是与敌人搏斗的时刻，否则，就永远不会厮杀了。狼蛛在自己的家中，一切都感到十分惬意，所有角落，所有洞穴的支柱，所有不起眼的躲避之处，它都是那么的熟悉；而入侵者则行动不便，因为一切对它都是那么的陌生。只需一次真正的攻击，我可怜的狼蛛，你就可以永远干掉并摆脱苦苦相逼的敌人的纠缠，可你却放弃了。我不知道是为什么，你的顾忌成了莽撞的入侵者的救命法宝。愚蠢的绵羊即使面对屠刀，也不会用尖角进行反抗，难道你就是蛛蜂的绵羊吗？

我将两只蛛蜂再次放在实验里，饲养在金属网罩中。罩底铺了细沙，并插入了芦竹，还供给不断更新的花蜜。它们在那里又发现了以蝗虫为食的狼蛛。同居生活又持续了三个星期，除了越来越少的打斗场面和威吓动作之外，没有其他事件发生。两者都没有表现出真正的敌意，最后两只蛛蜂死去了，它们的生命结束了。在起初的热情之后，竟会是如此可怜的结局。

我是否会放弃对这个问题的研究呢？当然不会！我曾有过很多这样的经历，但都没能使我放弃极有意义的研究工作。我知道，幸运只会垂青那些坚持不懈的人。这一点很快便得到了证实。9月的一天，我的蛛蜂死后约半个月，我幸运地捕到了另外一只蛛蜂，它叫滑稽蛛蜂。这种类型的蛛蜂我还是第一次捕到，它具有同环带蛛蜂一样炫目的外表和相似的体形。

这个新来者喜欢什么食物呢？对此我一无所知。它是蜘蛛的一种，是毫无疑问的，但到底是哪一种呢？对于这样的猎手，当然要为它提供肥胖的猎物；可能是圆网丝蛛，也可能是彩带圆网蛛，在法国除了狼蛛之外，它就是体格最大的蜘蛛。圆网丝蛛常在两个

荆棘丛之间垂直拉起大网，因为这里是
蝗虫经常出没的地方，我可以在附近丘
陵上的矮树丛中找到它。彩带圆网蛛则
选择蜻蜓经常出没的水沟、小溪附近安
家，我可以在埃格河边找到它。在一次
双重目的的远足中，我同时捕到了这两
种圆网蛛，第二天我将两者同时喂给滑
稽蛛蜂，接下来就得由蛛蜂根据自己的
口味选择食物了。

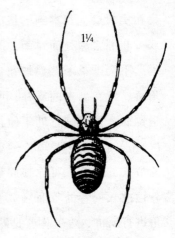

彩带圆网蛛

　　选择很快便有了分晓，彩带圆网蛛
受到了青睐。但是，彩带圆网蛛并不是不做任何反抗就束手待毙
的。当敌人靠近时，它便立起身体，模仿狼蛛的样子做出防御姿
势。滑稽蛛蜂对它的威吓不屑一顾，在滑稽外表的掩护下，它猛地
冲向彩带圆网蛛，动作非常敏捷。它们闪电般交战了一回合，彩带
圆网蛛被打翻仰躺在地。蛛蜂在上，与彩带圆网蛛腹贴着腹、头顶
着头，用足控制住彩带圆网蛛的足；用螯牙咬住对方的头胸部；它
用力蜷起腹部，向下方伸过去；它拔出螯针；接下来便……

　　亲爱的读者们，请稍等片刻。蛛蜂的螯针从什么部位刺入呢？
根据其他麻醉师告诉我们的知识，攻击点应该是在胸部，这是为了
剥夺猎物八足的活动能力。你们是这样认为的吗？我原先也持这种
观点。但是，请不要为我们共同的错误而脸红，因为这是完全可以
原谅的。我得承认，这只昆虫知道的比我们多。它知道用一种准备
工作来确保捕猎行动的成功，而对此无论是你们还是我都无法想象
到。啊！动物的本领是多么奇特呀！在攻击猎物之前应警惕自己不
被猎物所伤，难道不正确吗？蛛蜂也深知应该小心谨慎这个道理。

彩带圆网蛛拥有两颗锋利的螯牙，牙尖滴着可怕的毒液；一旦被彩带圆网蛛咬中，滑稽蛛蜂必死无疑。因此蛛蜂麻醉对手的攻击行动，剑法必须相当精妙。面临如此危险的境地，强壮的外科大夫会做什么？它首先应该解除病人的武装，而后再进行麻醉手术。

所以，蛛蜂的螯针从后而前刺入彩带圆网蛛的口中，攻击颇为坚决且十分谨慎仔细。效果立竿见影，彩带圆网蛛那铁钩一般的毒螯牙毫无生机地闭上了，这可怕的猎物失去了伤害蛛蜂的能力。蛛蜂弯曲成弓形的腹部放松开来，螯针从彩带圆网蛛第四对足后的中线刺入，差不多是腹部和胸部交会处。这一点比其他部位的皮肤更细腻，更容易被穿透。彩带圆网蛛胸部除了这一点以外，其他地方都有坚硬的角质层保护，螯针很难穿透，加上控制彩带圆网蛛八只足活动的神经中枢，刚好位于这一点略上方的位置，由于螯针是从后向前刺入，所以螯针可以刺中神经中枢。由于这一击，彩带圆网蛛的八只足同时被麻痹，失去了活动能力。

冗长的讲述可能会有损这种攻击战术的说服力，简而言之，首先，作为攻击者救命和克敌制胜的法宝，蛛蜂将螯针刺入猎物的口内，以解除那对可怕的螯牙的武装，这是彩带圆网蛛最具杀伤力的武器；然后，滑稽蛛蜂第二击刺中彩带圆网蛛胸部的中枢神经，剥夺猎物八只足的活动能力，这样蛛蜂便可以为幼虫提供新鲜的食物。我曾经预测，能够捕猎如此强壮的彩带圆网蛛，滑稽蛛蜂一定拥有某些特殊的本领，但我却远远没有预料到，它有如此果断的逻辑头脑，先解除猎物的武装再麻醉猎物。可想而知，环带蛛蜂也是这样对付狼蛛的，尽管它不愿意在钟形罩下揭示秘密。现在我通过对它的同类的观察，了解了环带蛛蜂的捕猎方法，它将狼蛛打倒仰翻在地，拔出螯针刺入狼蛛的口内，然后从容地一击，麻醉狼蛛的八只足。

我立即检查受到攻击的彩带圆网蛛，以及正在墙角被蛛蜂抓住一只足拖往家中的狼蛛。在一段时间内，确切地说，是一分多钟的时间内，彩带圆网蛛仍然抽搐八足，但只要临死的挣扎继续下去，滑稽蛛蜂就一刻也不松开它的猎物，仿佛是在监测麻醉的效果。它用大颚尖反复搜索彩带圆网蛛的口腔，仿佛要测定带毒的螯肢是否真的毫无攻击能力了。接下来一切都恢复了平静，滑稽蛛蜂开始将猎物拖往别处。这些便是我观察到的现象。

其中最使我震惊的是，彩带圆网蛛的螯肢完全被麻痹，毫无生机，我用铁丝尖触碰也无法使它从麻痹中恢复过来。而相反，彩带圆网蛛的触角，它就位于螯肢的旁边，只要我稍微触及就颤抖不已。我将它安全地装入一只瓶子里，一个星期之后重新检查，这时彩带圆网蛛恢复了部分的刺激反应能力，在铁丝尖的刺激下，我观察到它轻轻摇动足，尤其是胫节和跗节这最后两个关节。触角仍然是反应较强烈的、可以活动的部位，然而活动却毫无气力，一点儿也不协调。彩带圆网蛛并不能够翻转身体，更不用说移动了。至于带毒液的被麻醉的螯肢，无论我如何刺激它，都不起作用；我无法使它张开，也不能使它动弹。无疑它被彻底麻醉了，而且是以一种特殊的方式被麻醉的。我由此明白了，为什么攻击之初，滑稽蛛蜂蜇刺口腔之时是那么坚决和执着。

到了9月末，时间过了差不多一个月，彩带圆网蛛仍然处于半死不活的状态，触角在我的刺激下依然能够颤抖，而其他部位已经无法动弹。六七个星期之后，真正的死亡终于降临，它的肢体开始腐烂了。

环带蛛蜂捕获的狼蛛，与我在蛛蜂运输途中抢回的被麻醉的狼蛛，也呈现了同样的特点。无论我如何刺激，带毒的螯肢都没有任何反应，彩带圆网蛛也是如此。这证明狼蛛同彩带圆网蛛一样，口器遭到了蛛蜂螯针的攻击；但不同的是，狼蛛的触角在几个星期内都有很强烈的应激反应，可以活动。我一再指出这一点，大家马上会了解其价值所在。

想要再一次观察滑稽蛛蜂的捕猎行动是不可能的，因为囚禁会影响它施展才能；另外，彩带圆网蛛也善于利用对方的弱点，我两次看见它运用一些作战的诡计支开捕猎者。我讲这些并不是为了表达对愚蠢的蜘蛛的尊重，这个笨蛋尽管装备精良，却不敢同比自己弱小但比自己更勇敢的入侵者战斗。

在金属网罩里，彩带圆网蛛占据着网壁，八只步足在蛛网中长长地张开；而滑稽蛛蜂则盘旋在笼子的顶部。彩带圆网蛛看到敌人靠近，恐慌之下从空中跌落到地面上，仰面朝天，八足收在胸前。蛛蜂冲过来，箍住彩带圆网蛛，在它身上搜索并做出要螯彩带圆网蛛口器的姿势，但是它并没有拔出螯针。它认真地靠向彩带圆网蛛带毒液的螯肢，就像是在探测一部危险的机器一样；然后，它离开了。彩带圆网蛛依然躺在原地一动也不动，我还以为我稍一分神之际，它被蛛蜂刺死或者麻醉了。为了方便检查，我将彩带圆网蛛从笼中取出来。刚放上桌面，彩带圆网蛛突然活了过来，猛地跳起来。这个狡猾的家伙在滑稽蛛蜂的螯针的威胁下装死装得那么巧妙，连我也被蒙骗了。它还骗过了比我更仔细的蛛蜂，蛛蜂贴近探查，也没有发现这具尸体应受自己一击。可能滑稽蛛蜂嗅到彩带圆网蛛身上略带腐臭味，便放弃了攻击，如同寓言中的灰熊一样。

但这种狡猾的诡计，往往会转变成狼蛛、彩带圆网蛛等蜘蛛自身的灾难。刚刚将蜘蛛打倒在地的蛛蜂，在经过激烈的打斗之后，清楚地知道，面前这个躺在地上一动不动的家伙，并没有真正死去，而蜘蛛却以为自我保护很成功，继续装出尸体般的毫无生机。攻击者就利用这个机会使出它最厉害的一击，将螫针刺入猎物的口内。如果那时蜘蛛铁钩一般的螫肢大大张开，毒液在螫牙尖闪闪发光，螫肢拼命地乱咬，蛛蜂是绝对不敢将自己的腹部末端暴露在致命的刺刀之下的，因此正是蜘蛛的装死，给了捕猎者实施最厉害一击的成功机会。哦！可怜的圆网蛛，有人说，生存斗争教你用装死来逃避攻击，那么，生存斗争教错了。还是相信常识吧，也希望你自己逐渐明白：只要条件允许，激烈的反击仍然是威慑敌人最有效的方法。

我在钟形罩下进行的其他观察，也不尽是一帆风顺。在以象虫为捕猎对象的两种昆虫中，沙地节腹泥蜂对我所提供的猎物固执地不屑一顾；另一种是铁色节腹泥蜂，在囚禁两天后，就受到我提供的猎物的引诱。我推测它的攻击方

1½

铁色节腹泥蜂

法与捕猎方喙象的栎棘节腹泥蜂一样；观察这个现象正是我研究的出发点。当与方喙象面对面的时候，铁色节腹泥蜂抓住对方像烟斗管子一样的喙，将身体尽力伸长，然后将螫针从对手胸部的第一、第二对足之间刺入。其实我无须过多地重复，因为方喙象的捕猎者向我们充分展示了它的攻击方式和攻击的结果。

所有泥蜂，无论是以虻为捕猎对象的泥蜂，还是蝇类昆虫的爱好者，都无法满足我的要求。很久以前，当我在伊萨尔树林中发现它们的时候，我对它们的捕猎方法还不了解。它们迅猛地飞行，强烈的跳跃欲望是无法容忍囚禁生活的。由于冲撞"监狱"的玻璃板或金属网墙壁，撞昏了头，它们在24小时之后便死去了。它们的面

容十分安详，看上去好像对我提供的含蜜大蓟花十分满意。即使是以蟋蟀和距螽为捕猎对象的飞蝗泥蜂，同样也由于生活不习惯，不久就死去了。它们对我提供的食物或猎物无动于衷。

对于黑胡蜂，尤其是体形最大而且善于用碎石子堆建穹顶屋的阿美德黑胡蜂，我也一无所获。除了滑稽蛛蜂，其他蛛蜂都拒绝我提供的蜘蛛。至于小唇泥蜂这种捕猎对象多种多样的膜翅目昆虫，我不知道它是否像大头泥蜂一样，会吸干蜜蜂体内的蜜，而对其他猎物则不吸干就丢掉。步甲蜂对蝗虫不屑一顾，大唇泥蜂宁愿死去也不碰我提供的修女螳螂。

我列举这一连串的失败是为了什么呢？因为从这几个例子中可以得到一条规律：成功少，失败多。这又从何说起呢？除了大头泥蜂不时地要吸食蜜蜂体内的蜜汁以外，大部分捕食性昆虫并非为了一己之利才从事捕猎活动，它们有各自储存食物的时间表，有的是在产卵期即将到来之时，有的是家中幼虫的食物已严重匮乏时。除了这些时期以外，再肥壮的猎物都无法勾起这些吸蜜的昆虫的捕猎兴趣。因此，我尽量在时机成熟时才捕获要观察的对象，我守候在昆虫的洞穴口，伺机捕获带着猎物回家的母亲。但是，煞费苦心并不总是会有好的结果，总有一些令我失望的家伙，即使是在长久等待之后，不愿在玻璃钟形罩下猎取其猎物的替代品。

也许并非所有种类的昆虫都有相同的捕猎欲望，它们之间情绪脾性的差异，往往比外形的差异更大。鉴于如此复杂的因素，再加上偶然从花丛中捕到观察对象，在时间上往往不利，因此我有更多的理由来解释经常失败的原因。尽管如此，我还是尽力避免将失败归于一条规律：现在无法成功的事情，在将来条件改变的情况下，可能会成功。只要有恒心，有一定的机智，想继续从事这些有趣的研究的人，就会填补许多空白。对此我坚信不疑，困难是严峻的，但并不是不可战胜的。

当俘虏们决定捕猎时，不谈谈昆虫的触觉，我是不会放弃钟形罩下的观察的。毛刺砂泥蜂是我所观察过的最勇敢的昆虫之一，它并不一定会食用家族的传统菜肴黄地老虎幼虫，一旦碰到没有角质层的幼虫，我一律都拿来喂养毛刺砂泥蜂。这些幼虫的肤色各异，有黄色的、绿色的、浅褐色的、带白边的，只要体形合适，毛刺砂泥蜂都会接受。无论外表多么花哨，合适的猎物总能神奇地被毛刺砂泥蜂分辨出来。只有豹蠹蛾幼虫遭到了毛刺砂泥蜂的坚决拒绝。这种昆虫体形微小，会吐丝，可以在丁香枝上捕获到。尽管身体表面无角质层保护，有利于螯针刺入，尽管外形和那些被接受的猎物相似，这个饲养笼中多余的虫子，这个啃噬树干的暗色幼虫，却引起了毛刺砂泥蜂的反感和倒胃。

另一种勇猛的捕猎者沙地土蜂，拒绝了我提供的花金龟幼虫，其实，花金龟幼虫与害鳃金龟幼虫行动方式是一样的；同样，双带土蜂也不肯接受害鳃金龟幼虫。大头泥蜂这贪婪的蜂蜜吸食者，也识破了我设下的圈套，我曾用尾蛆蝇，这个维吉尔笔下的蜜蜂来喂养它。大头泥蜂把尾蛆蝇当作是蜜蜂？天呀！民间无法分辨这两种昆虫，前人弄错了，认为尾蛆蝇像《农事诗》①中所描述的，是从祭祀公牛腐烂的尸体中飞出的一群蜜蜂；但大头泥蜂却不会弄错，在它那比我们更有洞察力的眼里，尾蛆蝇只是讨厌的双翅目昆虫，是传染病的代名词，仅此而已。

---

① 《农事诗》：古罗马诗人维吉尔所著，作者在给予实用的农业指导时，对大自然做了生动深入的描绘。——译注

第十五章 ✦ 异议和回答

如果没有一些唠唠叨叨的人站出来抨击,想要折断它的翅膀,甚至想用鞋跟踩碎它,那么,一个具有相当价值的新事物、新观点,是不会不断发展和进步的。我发现捕食性昆虫捕获猎物时所采用的外科方法,同样也经受了这样的遭遇。让理论去互相争论吧,想象只是一个模糊的东西,任何人都可以建立自己的观点,但事实是不可辩驳的。单凭个人喜好而否定事实,认为事实是错误的,这种想法是行不通的。据我所知,我长期以来讲述的关于捕食性膜翅目昆虫猎捕猎物时的解剖学本能,还没有谁用观察的事实来反驳,而是用理论来反对。这真是我们的悲哀!请你们先去观察,然后再发表高见吧!既然你们对此感兴趣,在你们观察之前,我想回答那些已经提出或将要提出的异议。当然,我也可以对那些已露出真面目却幼稚的诋毁缄口不言。

有人说,螫针从此处而非彼处刺入猎物体内,是因为那是猎物身上唯一易受攻击的点。昆虫无法选择攻击点,它只能螫刺它能够螫到的部位,其捕猎行动的神奇之处,是猎物身体外形结构造成的必然结果。如果我们保持头脑清醒,就应首先解释"易受攻击"这个词的意思。他们的意思是,螫针选择的攻击点是唯一的,而这一个或这些攻击点受到损害,会导致猎物的突然死亡或麻痹,是这样吗?如果是这样,我也同意他们的观点;不仅仅是同意,而且我还是第一个自始至终提出这种观点的人,我的文章就摆在这里。是的,自始至终,螫针选择的攻击点是唯一易受攻击的地方,甚至是极易受攻击的。根据攻击者的意图，这也是唯一能导致猎物迅速死亡或麻痹的地方。

但是，你们指的并不是这件事，因为你们所说的是"螯针容易通过"，换言之，是螯针容易穿透的意思，那么我们的一致性便立即终止了。我承认我有些自相矛盾，我将以节腹泥蜂的两种猎物象虫和吉丁为例来说明。这些有甲壳保护的昆虫，只是在胸腹面给了节腹泥蜂的螯针可以利用的攻击点，而节腹泥蜂也正是选择它作为攻击点。如果我是一个过分讲求细节的人，我会让你们看看猎物的颈部螯针也可以通过，但是节腹泥蜂并没有选择它作为螯针的攻击点。不过，我们还是放下这些带甲壳的鞘翅目昆虫，去看看其他的例子吧。

关于砂泥蜂极喜爱的黄地老虎幼虫和其他幼虫，我们又要说些什么呢？你们看，这是一些除了头部以外，身体其他任何部位，如腹面、背面、两侧，螯针都易于穿透的昆虫。在无穷多个都易于穿透的点中，砂泥蜂只选择其中十几个点，而且总是那十几个点作为攻击的目标。如果这些点不是都与幼虫身体的神经节靠得近，很难将它们同其他点区分开来。至于花金龟和害鳃金龟的幼虫，在与捕猎者长时间艰苦搏斗之后，这些全身都缺乏甲壳保护、任何部位都毫无抵抗能力、任何一点都可以受到攻击的家伙，总是在胸部的第一体节遭到攻击，对此你们又有什么可说呢？

至于飞蝗泥蜂的猎物距螽和蟋蟀，虽然它们的腹部疏于防御，柔软且面积大，螯针刺入就像钢针刺入黄油一样容易，但是飞蝗泥蜂仍然选择猎物胸部的三个点作为攻击目标，尽管此处防守严密。对此我们又有什么想法呢？我们不要忘了，大头泥蜂对蜜蜂腹部上的间隙不屑一顾，根本不理会胸甲后面大面积的无防御区域，还是选择将螯针刺入蜜蜂颈部只有一平方毫米的小点。现在我再谈谈弑螳螂步甲蜂吧，它首先选择攻击螳螂带双锯的前足，以这可怕的武器作为攻击目标，一旦攻击失败，它可能会被螳螂抓住，掐死，被关嬷嬷地就地享用。它是否考虑攻击防御最弱之处呢？它为什么不攻击螳螂细长的腹部呢？这可是极为容易又毫无风险的呀。

那么，你们再来看看蛛蜂吧。它一开始就麻醉了蜘蛛带毒液的螯肢，它也是外行的决斗者，不知道将螯针刺入易于穿透的点吗？狼蛛和圆网蛛身上最令人害怕且极难攻击的部位，无疑是那两个铁钩般且带毒液的螯牙。然而，勇敢的蛛蜂却不惧死亡，冲上去进攻那可怕的口器！它为什么不听取你们的忠告，去攻击猎物体肥肉多且缺乏保护的腹部呢？同其他昆虫一样，蛛蜂并没有这样做，我想它也有自己的理由。

所有的例子，从第一个到最后一个，已经如泉水般清澈地说明，被攻击的猎物的外部形态特征，对于决定捕猎者的攻击方法并不起作用，起决定作用的是猎物身体的内部生理结构。选择攻击点并非只是以易穿透性为标准的，这些点之所以成为捕猎者的攻击目标，是由于它们能满足一个重要的条件，如果没有这个条件，易穿透性其实也毫无价值。这个条件不是别的，就是在这些点附近分布着猎物的神经中枢，而捕猎者必须剥夺这些神经中枢的反应。与猎物进行肉搏战时，无论猎物身体柔软还是有甲壳保护，捕猎者都表现得仿佛比我们任何人都更了解猎物的神经支配器官。关于只有易被穿透的点才受攻击的反驳被永远解决了，我希望能达到这样的目的。

又有人问我："螯针刺在神经中枢附近，严格地说是可能的，因为一只体长只有三四厘米的猎物，攻击点与神经中枢的距离是极微小的，但是这些偶然的近似和你所谈的精确性可相差甚远。"
哦，你们讲的是极小的偏差！我们一起来看一看到底是什么回事。
你们想要一些数据，精确到毫米，甚至精确到小数点后的几位，是
吗？你们会得到这样的例子的。

　　我想首先以沙地土蜂为例子进行说明。如果读者已经忘记它的
攻击方法，请好好地回忆一下。搏斗的敌对双方在打斗的开始阶
段，呈现出两个圆环的形状，互相缠绕在一起，但两者身体形成的
圆环并非在同一平面内，而是呈直角交叉。土蜂咬住害鳃金龟幼虫
胸部的一点；它绕着幼虫，向下将身体弯曲，用腹部末端摸索对方
颈部的中心线位置。由于身体的姿势，攻击者可以从幼虫颈下的同
一点，自如地将螯针略微倾斜地刺向猎物头部或胸部。由于螯针本
身较短，从两种相反的角度刺入，两者的差距是多少呢？两毫米，
或者更少。这是多么的微不足道呀！如果攻击者搞错了长度，有人
说这是可以忽略的，螯针刺向头部或胸部，看似不重要，然而攻击
结果却会完全改变。如果螯针以倾向头部的角度刺入，猎物脑部神
经节被刺中，这一击就将导致猎物立即死亡。大头泥蜂攻击蜜蜂时
正是这么做的，它由下而上从蜜蜂颈部将螯针送入蜜蜂体内。而土
蜂希望猎物仅仅被麻痹，失去活动能力，但并没有死亡，好用它来
喂养幼虫；如果它得到的仅仅是一具尸体，在短期内就会腐烂的尸
体，对于土蜂幼虫就是有毒的。

　　螯针向着胸部方向倾斜，便可以刺中胸部的一小块神经节。螯
针的攻击是有规则的，它使猎物受到麻醉，但同时又保留一定的生
命力，以维持新鲜状态。螯针朝上一毫米可以致猎物于死地，朝下
一毫米可以使猎物麻痹。土蜂一族的生存与否，就取决于这极细小
的角度差异。你们不必担心土蜂会忽视这细小的差异，它的螯针总

是刺向猎物的胸部，尽管反方向倾斜刺入也同样行得通和轻松。在这些情况下，细小的偏差会给土蜂带来什么？往往是一具猎物的尸体——对土蜂幼虫有致命危害的食物。

双带土蜂选择的攻击点稍微偏下一点儿，选择在花金龟幼虫身体第一、第二体节的节间膜上。它和花金龟幼虫缠绕的姿势也是直角交叉，然而猎物脑部神经节和攻击点之间的距离，不致让倾斜刺向脑部的螯针完成致命一击。在极罕见的情况下，双带土蜂才会犯小小的错误，不考虑猎物的方法和攻击的方式，轻率地将螯针刺在攻击点附近。我观察到它们都是腹尖反复摸索，时常在长期固执地寻找并确认了攻击点之后才拔出螯针。它只在确定了攻击点的精确位置并判定攻击完全有效时，才将螯针刺入猎物体内，甚至往往经过长达半个小时的搏斗之后，它才能够将螯针刺入预定的攻击点。

由于无休止的打斗而疲劳不堪，一个俘虏在我的注视之下竟犯了一个小错误，这是闻所未闻、极为罕见的。螯针刺入的位置略微向旁边偏了一点，偏离中心点只有一毫米，当然也是在胸部第一、第二体节的节间膜上。我立即将这难得的观察对象从攻击者手中抢过来，因为它将会告诉我，一旦受到错误的攻击，会产生什么奇特的效果。如果是我让土蜂刺猎物某个部位，并没有多大的研究价值，因为土蜂被我的指头抓住会胡乱蜇刺，就像受到骚扰的蜜蜂一样，螯针失去了控制，胡乱地将毒液注入猎物体内。现在一切都按其固有的规律进行，只是攻击的位置略有偏差而已。

那么，我们再来看看受到错误攻击的猎物。它只是左边的足，即螯针偏向的那一边受到了麻醉，只是半身瘫痪，右半边的足依然可以活动。如果攻击者以正常的方式完成麻醉手术，猎物的六足应该立刻全部被麻醉。当然半身瘫痪的状况只持续了很短的一段时间，很快，左半身的麻醉影响了右半边的身体，猎物无法再移动，无法逃回洞穴之中了。但是这也没有达到土蜂的卵或幼虫的安全必需的条件，如果这时我用镊子抓住它的一只足或触碰它的皮肤，它就会立刻收缩，蜷成一团，又变得浮肿，就和它有正常活动能力时一样。那么如果土蜂将卵产在这样的食物上，后果会如何呢？只要铁钳般的猎物随便收缩一下，卵就可能会被碾碎，至少会从猎物身上脱落下来，而每一枚卵从母亲给它安置的地方脱落下来都必然死亡。卵需要花金龟幼虫的肚子作为软弱无力的支撑点，幼虫孵出来之后的啮噬不会使猎物颤抖，但是略微倾斜的螯刺并不能使这只虽已软弱无力的肥虫变成这样。到了第二天，由于麻痹程度的加深，猎物才会变得瘫软，无活动能力；但是这时已经太迟，因为在此期间，土蜂卵在半麻痹的食物前，必然面临严峻的危机。螯针在攻击中不到一毫米的误差，会让土蜂家破人亡。

我曾许诺举出一些精确攻击的例子，那么，请看下例，看看蛛蜂刚捕杀的狼蛛和圆网蛛。蛛蜂的第一针刺入猎物的口器，这两种猎物的毒牙都被完全麻痹了，用麦芒去逗弄，也无法使它们半张开。而紧靠攻击点的触角等附器仍保持活动能力，无须触碰，触角在整整几周的时间内仍可以自由活动。尽管螯针刺入口内，但它并未伤害猎物的脑部神经节，否则，猎物会立刻死亡，我们所看到的就不是新鲜的、仍可长期保持明显生命迹象的猎物，而是一些在短短几天内就会腐烂变质的尸体。猎物能够保鲜，是因为猎物脑部神经支配中枢没有遭到劫难。

那么，是哪些损伤导致猎物螯肢完全麻痹呢？非常遗憾，我的解剖学知识不足以明确解释这个问题。猎物的螯肢是由一个特殊的神经节来控制和刺激呢，还是由一个从中枢神经引出的具有其他功能的神经节控制呢？我把这个目前仍不明朗的问题，留给解剖学家来探讨，因为他们拥有更完善的设备，以及阐明这个晦暗问题的热诚。依我看，第二种情况的可能性更大一些，我觉得控制触角的神经和控制螯肢的神经，根源是一致的。根据第二种设想，我们知道，为了破坏毒螯肢的活动能力，又不损害触角的活动性，尤其是不损害决定猎物生死的脑部神经节，那么蛛蜂只有一种方法，它必须在细如发丝的神经中，找到并刺伤控制螯肢的两根神经。

我对此坚信不疑。尽管猎物的神经极为纤细，但我认为这两根神经是直接被刺中而遭到破坏的。由于控制触角的神经距这两根神经如此之近，如果蛛蜂的螯针只是大致上刺中且注入了毒液，那么在螯针进行麻醉的过程中，很可能触角神经也会中毒，使附器麻痹。但触角仍然可以活动，而且可以在很长时间内保持活动能力，故毒液的作用显然仅限制在控制螯肢的神经上。控制螯肢的神经有两根，都非常纤细，即使是职业的解剖学家也很难找到。蛛蜂应该是一根一根地刺中它们，浇上毒液。总之，它是以一种颇为谨慎的方式进行攻击，以免毒液殃及周围的神经。这种精确的外科手术般的攻击过程，也向我们解释了土蜂的螯针在猎物口中长时间停留的原因：螯针必须找到而且最终也找到了不足一毫米粗的神经，并将它麻醉。以上便是毒螯肢旁依然可以活动的触角告诉我们的；它同时也告诉我们，蛛蜂是手法精妙的活体解剖家。

假设存在一个状似镊子的特殊神经节，那么捕猎者所需要克服的困难可能要小一些，而且无损于捕猎者的攻击本领。螯针应该刺中一个肉眼刚刚可以看见的小点，一个我们勉强可找到的只有针尖大小的微粒。各类捕食性昆虫都可以用平常的方法解决这个问题。它们真的是用螯针刺伤猎物，从而达到破坏猎物的反应能力的目的吗？这是有可能的，但是我没有任何实验结果可以确认，因为伤口极为细小，我无法用我所掌握的光学方法进行观察。它们仅仅是将毒液注入猎物的神经节，或者至少注射在神经节附近吗？我认为是的。

而且，我还可以确定，为了达到迅速麻醉猎物的目的，毒液应该注入神经密集区，至少注入它的附近。我的陈述仅仅是重复，双带土蜂刚刚告诉我们的观点：由于与通常的攻击点不到一毫米的误差，被攻击的花金龟幼虫是在第二天才变得麻痹，失去活动能力的。毫无疑问，从这些例子可以看出，毒液的效果呈放射状逐步向四周扩散；但是扩散远不能满足捕猎者的需要，因为麻痹的效果不能保证虫卵产出之初需要的绝对安全。

另一方面，这些以麻醉为手段的攻击者的行为说明，它们极为仔细地寻找猎物的神经节，至少是胸部第一个神经节，是整个行动中最重要的一环。毛刺砂泥蜂是众多昆虫中，能给我们提供较多观察素材的种类之一。它对幼虫实施的攻击，尤其是最后攻向猎物的第一、第二对足之间的一刺，比对猎物腹部神经节的攻击持续得更久。因此，我相信，为了实现决定性的攻击，螯针要寻找到相应的神经节，螯针只有在对准了神经节之后才蜇刺。而对猎物腹部的攻击就不必那么专注，螯针一节接一节迅速完成蜇刺即可。对于没有什么威胁的麻痹，毛刺砂泥蜂就交由毒液的扩散来完成。尽管如此，虽然攻击比较仓促，但是蜇刺点并未远离这些神经节，因为毒液扩散的范围是有限的，要刺入这么多次才能完全麻木就是证明，下面是一个简单明了的例证。

一只黄地老虎幼虫刚刚遭受砂泥蜂的第一次攻击，攻击的部位是黄地老虎幼虫后胸。黄地老虎幼虫猛地将砂泥蜂推开，我便利用这个机会，拿走受伤的黄地老虎幼虫。黄地老虎幼虫只是后胸的那对足被麻痹，其他的足仍保持原有的活动能力。尽管被麻痹的两足行动不便，但黄地老虎幼虫仍然可以正常地爬行；它竭力钻入地下，夜间又爬出来啃噬我为它提供的蔬菜心。这只被局部麻痹的黄地老虎幼虫在半个月内保持着良好的行动力，除了遭受攻击的那一体节之外。后来它还是死去了，不过不是由于伤势严重，而是由于一次意外。在此期间，除了已被刺中的体节，毒液的毒性并没有扩散到其他体节。

　　解剖学告诉我们，螯针选择的每一个攻击点所在部位都有一个神经中枢。这些神经中枢是直接被螯针刺中的吗？或者是毒液通过附近组织扩散而导致中毒的呢？这便是问题的关键。但是它并未否定捕猎者的螯针对猎物腹部攻击的准确性，虽然对腹部的攻击相对不是那么重要。而对幼虫胸部的攻击，准确性自然是不容置疑的。除了砂泥蜂以外，还有土蜂，尤其是蛛蜂，它们都通过丰富多样的细节向我们证实，螯针的攻击是根据猎物神经分布状况来严格规范地实施的，难道还需要求助其他例子来证明吗？我觉得这些已经足够。对于那些对此感兴趣的人来说，以上便是我的证明。

　　有些人热衷于一些古怪得让人震惊的异议。他们在捕食性昆虫的毒液中发现了防腐液的成分，认为洞穴内仍然保持新鲜的猎物，不是由于猎物仍具有残存的生命力，而是因为毒液或者说是毒液中防腐细菌的功效。那么，博学的大师们，我们就来谈谈这个问题吧。你们曾见过某种出名的捕食性昆虫的食品储存柜吗，例如飞蝗泥蜂的、土蜂的或者是砂泥蜂的？没有，难道不是吗？在杜撰出所谓的"防腐细菌"之前，我们最好还是观察真实情况吧。一个小小的测试就足以向你们显示，这些被储存的猎物与烟熏火腿并不相同，猎物依然可以动，猎物并没有死亡。那么，整件事便变简单了。猎物的触角可以颤动，大颚仍可以一张一合，足的跗节可以颤抖，触角和腹部肌还可以摆动，腹部也能够收缩，肠部可以将杂质排出体外，肌肉在针尖的刺激下会有所反应，如此多的迹象，和腌渍食物是完全不同的。

你们可曾好奇地翻阅过我的著作，我在书中详细地阐述了我的观察结果？没有，难道不是吗？我对此表示非常遗憾。我在书中特地讲述了一个关于距螽的故事。这些距螽同其他同类一样被飞蝗泥蜂刺中了，但随后我精心用奶喂养它们。承认这个事实吧，这些所谓的用防腐的方法保存下来的奇特的食物，接受了我用谷尖喂给它们的食物；它们进食，并逐渐恢复了活力，我用幼虫做成食物罐头的希望落空了。

我不再重复那些令人厌烦的事情，宁可用一些尚未描述过的事实来补充我原有的证据。筑巢蜾蠃向我们展示，一些叶甲幼虫的尾部被固定在芦竹上的洞穴里，在杨树叶上幼虫也是这样被固定的，它羽化的时候便有了支撑点。这些蛹期的准备工作，难道没有明确说明猎物并没有死去吗？

毛刺砂泥蜂为我们提供了更多更好的例子。我亲眼看到许多被毛刺砂泥蜂刺伤的幼虫，或早或迟都进入了蛹期。我清楚记录了三只在毛蕊花上被抓住的幼虫，它们是4月14日遇难的。半个月后，用铁丝尖刺激，它们仍然保持着应激反应。又过了一段时间之后，除了腹部的第三、第四体节上的肤色，皮肤上的淡绿色变成了红栗色，而且开始起皱并且裂开，但是它们却无力从中摆脱出来。我小心地剥掉碎裂的皮层，在皮层之下，可以看出蛹有角质层保护的外皮，坚硬，呈栗褐色。这一形态的变化过程是如此的正常，以至有时我会产生疯狂的愿望，希望看到一只飞蛾从这个遭到毛刺砂泥蜂十几下蜇刺的木乃伊中飞出来。另外，在化蛹之前，幼虫并没有吐丝结茧。也许在正常环境下，幼虫的变态无须遮蔽便可以顺利进行。但不管是否如此，期待飞蛾出现还是超过了可能的限度。将近5月中旬，在幼虫遇难一个月之后，那三只腹部第三、第四体节呈不完全蛹态的蛹，开始失去光泽，最后发霉了。这是否有结论性意义呢？一个完全死去的幼虫，一具靠防腐细菌保持新鲜的尸体，能完成从幼虫到成虫这一生命中最复杂的形态变化吗？有人会有这样愚蠢的观点吗？

对于那些顽固不化的头脑，真理如同当头棒喝。我用同样的方法再次实验。9月，我从沙滩上的洞穴中挖掘出五只被双带土蜂麻醉的花金龟幼虫，这些幼虫身上已经放置了双带土蜂的卵，但并没有孵化。我拿掉卵，将行动不便的花金龟幼虫放置在腐殖土上，并以腐殖土作为床，将一个玻璃杯扣在上面作屋顶。我想知道我能够让它们保鲜多久，它们能够保持大颚和触角的活动能力多久。其他捕食性昆虫的猎物已告诉我答案，从中我了解到，生命残存的迹象可以保持半个月、三四个星期甚至更长的时间。例如，我曾经观察过的朗格多克飞蝗泥蜂的猎物距螽，我用人造食物喂养它，直到四十多天之后，它才停止触角的抖动和因麻痹而产生的身体扭动。我认为，这些猎物或迟或早的死亡，是因为遭受过麻醉，同时我喂养的食物也不对。另外，这些猎物的成虫的寿命也是极为有限的，就算没别的事故，它们也会由于生命之灯已熄灭而死去。它们的幼虫才是用于实验的最佳选择，因为幼虫具有更富活力的身体结构，更能经受长时期的饥饿，尤其是在冬眠期间。花金龟幼虫体肥肉多，凭借脂肪它可以在恶劣的季节维持生命，如愿地满足了我所需要的条件。那么，仰面躺在用腐殖土做成的床上，它会变得怎样呢？它会度过冬季吗？

一个月之后，有三只幼虫体色变成褐色，并且已经开始腐烂，而另外两只则保持着良好的生命活力，用铁丝尖触碰，会晃动唇须和触角。寒冬到来了，铁丝尖的刺激已经无法激起幼虫生命的反应，它们完全处于麻痹状态；但是从外表看，它们仍十分正常，没有褐色斑点的出现，没有腐烂的迹象。天气转暖，又到了5月中旬，它们复活了。我发现它们翻转身体，腹部朝下；更可喜的是，它们一半身体已钻入土壤之中。它们好像有什么忧虑，懒懒地蜷起身体，抖动着足和口器，但是动作极为迟缓，缺乏力量。一段时间之后，它们开始有了力气，这些逐渐康复的幼虫用尽全力扒地，挖掘洞穴，然后钻入约两个拇指深的地下，似乎预示着它们的身体即将痊愈。

然而，我错了。6月，当我重新挖掘出这两只残疾的幼虫时，它们已经死去，褐色的外表就足以证明。我曾希望情况会更好，但是这些都无关紧要，因为这次的成果的确非常好。九个月，足足九个月，被土蜂攻击过的花金龟幼虫仍然保持了良好的生命活力。最后，甚至麻醉完全消失，力气和活动能力又重新恢复，它们离开我放置它们的地面，挖掘通道，钻入地下洞穴之中。于是，我坚信，幼虫复活之后，再也没有人要谈论什么防腐细菌了，除非罐头里的鲱鱼能在盐水里游动。

第十六章 🐝 蜂类的毒液

现在化学问题又来制造麻烦了。化学观点认为，膜翅目昆虫的毒液各不相同，蜂类拥有成分非常复杂的毒液，主要包括两类物质，一种是酸性的，另一种是碱性的。大多数捕食性昆虫只拥有酸性的毒液，使猎物保持生命活力的，正是这种酸性的毒液，并不是所谓的捕食性昆虫的智慧。

我试图在承认化学反应真实有效的前提下，探究它们所导致的结果，但一切都是徒劳的。我将各种溶液注入昆虫体内，包括酸性的、碱性的、氨水、中性溶液、酒精、松节油等，我观察到的结果与捕食性昆虫蜇刺的结果完全相同，猎物被麻醉但依旧保持一定的生命活力，这种活力可以通过触角和口器的活动表现出来。当然实验并不总是都能成功，我用蘸过这些液体的针刺昆虫时，结果并不稳定，而且戳的伤口过大，根本无法与昆虫螫针准确的攻击及细小的伤口相提并论；昆虫的螫针是经过反复的尝试之后，才显现出无比的自信和准确性的。而且我还要补充一点，实验还要求实验对象的神经链相对比较集中，比如象虫、吉丁、金龟子等昆虫。要麻痹这些昆虫只需要在其胸部和胸部节间膜刺一下就可完成，节腹泥蜂就是这样麻醉猎物的。在这种情况下，注入刺激性强的液体，成功的可能性极小，而且少量的液体对于实验对象伤害并不大。而对于神经节相对分散的昆虫，又必须逐个进行专门的麻醉手术，像我这种方法根本行不通，昆虫会由于被过度腐蚀而死亡。我十分惭愧地求助于那些比我权威的人士，他们一直反复运用一些古老的实验法，也许能使我解决化学家的批评和非议。

既然光明如此容易得到，为什么还要对深奥的黑暗进行研究呢？既然只要简单地求助于真实情况就可证明一切，为什么还要那些什么也证明不了的酸碱反应呢？在肯定昆虫是用酸性毒液保存食物新鲜之前，我想先了解家蜜蜂的螫针是否能在酸碱毒液作用下，偶然产生像专家麻醉一样的效果，尽管这样会否认蜜蜂螫刺的灵巧性。但我们的化学家可没想到这一点，因为实验室里并不太欢迎简单明了的方法。弥补这一小小缺失是我的职责，我打算研究蜜蜂这个蜂类的首领是否擅长麻醉而不杀死对手的外科手术。

研究困难重重，尽管这不是放弃研究的理由。首先，用我刚才捕到的那只蜜蜂来实验根本不可能，而且重复毫无成功的实验也耗尽了我的耐心。螫针必须刺进一个确定的部位，刺中捕食性昆虫刺入的部位，但那不听话的俘虏发狂地扭动，随便乱刺，从来都刺不到我希望它刺的部位。结果我的手指，比起它要刺的对手，受伤的次数要多得多。我只有一个办法，能稍稍控制不驯服的螫针：我一剪刀把蜜蜂腹部剪下来，然后马上用小镊子夹住它，将腹尖挨近螫针要刺的部位。

大家都知道，蜜蜂在毫无预兆地死亡之前，腹部还能螫刺一会儿，为自己的死亡复仇，并不需要头部的命令，我如愿以偿地利用这种执着的复仇心理，让蜜蜂带刺的螫针停留在猎物的伤口中，准确地观察螫针的攻击点。螫针长时间停留在猎物体内，我就有把握掌握螫刺的效果。而且，如果猎物组织透明，我便能够辨别螫针攻击的方向；直线刺入正合乎我的意图，斜着刺入则毫无效果。这些都是这种方法的优点。

下面我讲讲这种方法的缺点。被剪下来的蜂腹虽然比整只蜜蜂更驯服，可是同样也很难满足我的愿望，它仍然有些任性，蜇刺点也是不可预知的。我希望它从这一点刺入，但它偏不，完全不理会我的镊子，偏要刺入那一点，虽然离得并不远，但要使神经中枢不受伤害却需要离得很近。我希望它垂直刺入，它也不，绝大部分情况是斜着刺入，而且仅仅刺穿猎物的表皮层。一次成功来自无数的失败，我说得已经够多了。

我还要补充一点，我不觉得被蜜蜂螫针蜇一下有多痛。在大多数情况下，被捕食性昆虫蜇伤其实无足轻重，我的皮肤敏感性并不比别人差，对此也并没有什么感觉。我触摸飞蝗泥蜂、砂泥蜂、土蜂，根本不用提防它们的螫针。我已经重复多次，现在为了把事件原因讲清楚，我再次提醒读者回忆。在不知道明确的化学性质或其他已知性质的情况下，我们只有一个方法比较它们的毒液，只能比较被蜇刺的伤痛程度，而其余的一切仍是个谜。此外，任何一种毒液，甚至响尾蛇的毒液，至今都还没有人弄清楚它为什么会产生可怕的后果。

根据这种独特的导向，即伤痛状况，我将蜜蜂的螫针作为进攻武器，像捕食性昆虫螫针一样蜇刺猎物，蜜蜂的一蜇应该等效或常常数倍于后者所造成的伤痛。因此，我想以下各种实验将得出各种各样的结果，比如用力过大、抽搐的腹部注入的毒液不等量、螫针不听使唤、刺得或浅或深、或斜或正、攻击神经中枢或仅影响周边组织等。

的确，实验结果极为混乱。蜜蜂蜇刺的对象，有的行动失控，有的一直或暂时残废，有的麻痹，有的偏瘫，有的遭刺之后马上又回过神来，也有的很快就死掉。报告这一百多次尝试，会白白地占用我的篇幅，如果不从中提炼出规律性的东西，长篇累牍并无助于研究，因此，我将这些尝试进行归纳，并举几个例子来说明。

一只巨型白额螽斯，我们地区再也找不出比它更为强壮的螽斯，它的前足所在的前胸中心被蜇刺，螫针直穿而入。蟋蟀和距螽的祭司蜇的也是这个部位。一蜇之后，这只巨物愤怒地跳起来，竭力挣扎，而后跌落一旁，无力再站起来，前足已呈麻痹状态，其余的足仍能动。不一会儿，它侧身而躺不再烦躁，只剩下触角和唇须的颤动、腹部的痉挛和产卵管的伸缩，表明它还活着；然而，只稍轻触，它的后面四只足还是有反应，尤其是第三对足粗壮的大腿，还能出其不意有力地踢蹬。第二天，状态相似，但麻醉程度加重，已扩展到中足。第三天，六只足已动弹不得，而触角、唇须及产卵管仍能活动。距螽胸部被朗格多克飞蝗泥蜂蜇了三次后也是如此，但残存的生命力更微弱。第四天，从深黑的体色便可知道，螽斯死了。

我由此例得出了两个明确的结论。首先，蜜蜂的毒液是如此厉害，只要对着神经中枢一蜇，就能在四天内致直翅目中最庞大的也是体格最健壮的昆虫于死地。其次，麻痹最初只影响神经节所控制的前足，而后缓慢地向中足蔓延，最后影响到后足。这显示局部的作用能扩散开来，在捕食性昆虫的受害者中，麻醉非常容易扩散。但在捕食性昆虫的进攻中，扩散却不起作用。在产卵期将至时，猎手要求猎物完全失去知觉，因此所有控制运动的神经中枢在被蜇时，应该很快被毒液摧毁。

现在我来解释为什么捕食性昆虫的毒液几乎无痛感。如果它的毒液和蜜蜂的毒液一样强，那么一蜇便会夺去猎物的生命，否则猎物的剧烈运动，对于狩猎者尤其对于卵是非常危险的。但是它借着温和的动作，将毒液慢慢注入各种中枢神经，就像对付幼虫时一样，于是猎物必定立刻动弹不得；并且，尽管有许多伤口，猎物也不会马上变成尸体。这不禁让人赞叹那些麻醉师的另一才能：它们的毒液，用力注入，却生效缓慢。蜜蜂为了复仇，增强了它排出的毒素，而飞蝗泥蜂麻醉自己幼虫的食物，却将毒素减弱，把毒液减到最少的程度。

我手里还有一个类似的例子。我喜欢在直翅目中选取研究对象，直翅目昆虫个头适中，表皮精细，便于实验时蜇刺，因此比其他昆虫更适合于细致的操作。吉丁的胸甲，花金龟幼虫肥胖的身躯，扭动的幼虫，再加上一支我难以操纵的螯针，都是实验失败的因素。现在我用一只巨大的绿色蝈蝈儿——一只雌性的成虫来实验。我让蜜蜂蜇它，刺点正在前足纹路中心点上。

蜇刺结果令人诧异，两三秒之后，蝈蝈儿抽搐挣扎，而后侧着倒下了，除了触角和产卵管，浑身一动不动。只要没人碰它的头，它就再也不动了；但只要我用刷子轻触头，它的后面四只足就会激烈摇动，还夹起刷子。而前足因神经控制中枢已受损，一直无法动弹，往后三天都保持着这种状态，到了第五天，麻痹扩散了，只有触角来回摆动、腹部抽搐及产卵管伸缩，第六天，蝈蝈儿开始发黑，它死了。除了生命力更顽强，蝈蝈儿的状况与白额螽斯别无二致。

下面，我将了解不在胸部神经节上蜇刺的情况。我找了一只雌距螽，在它腹面的中部刺了一下。实验过程中，它似乎不太关注自己的伤势，英勇地在玻璃钟形罩的四壁攀爬，像当初一样活跃，甚至还啃起了葡萄叶，表明它已从我精心为它制造的伤势中恢复。几小时过去了，它丝毫没有显露出其他情绪，很快地完全康复了。

第二次实验我让它的腹部两侧及中央受到三次蜇刺。第一天，距螽似乎丝毫没有感觉，我看不到它行动有任何不便。我并不怀疑伤口会灼痛，但这些禁欲主义者完全没有露出痛苦的样子。第二天，距螽步履稍缓，慢慢地爬行。再过了两天，让它仰面朝天，它就无法翻转了。撑到第五天，它死了。这一次，我用过了量，连蜇三下的分量的确太重了。

我用这个办法一直实验到娇弱的蟋蟀。蟋蟀只在腹部被蜇了一下，它用了一整天才从痛楚中恢复过来，又啃起了生菜叶；但只要稍微多给它几个伤口，很快地，死亡就会随之而来。在我残忍的好奇心中丧生的昆虫里，我发现了一个例外，花金龟幼虫能抵抗住三四下攻击。一旦它们突然变软、摊开、松弛下来，我就以为它们死了或麻痹了，但不久这些顽强的小虫又复活了，仰天缓缓爬行，钻进腐殖土中。我无法掌握任何明确的情况，的确，它们稀疏的纤毛和肥厚的胸膜形成了抵御螫针的屏障，螫针几乎总是刺入不深或斜到一边。我终于还是放弃了这些难以制服的虫子，回到易于实验的直翅目昆虫身上。如果螫针正对着胸神经，只要一下就能将猎物蜇死；如果对着其他部位，这一蜇只会造成猎物短期的不适。因此，我可以说，毒液通过对神经中枢的直接作用，发挥了可怕的毒性。

但要把"胸神经节挨刺，死亡就马上降临"这个结论普及开来，则有些为时过早，虽然这种情况经常发生，但也有许多的例外是由无法确定的因素所致。在螫针的方向、刺入的深度、排出毒液的量等方面，我无能为力，也无法让切下的蜂腹得到它自身的营养供给，实验中无法再现捕猎性昆虫高超的剑法，蜂腹的刺入不可预测，也没有规律和分寸；因此各种意外，从最严重的到最轻微的，都有可能发生。下面我举几个很有趣的例子。

从锋利的前足所在的胸部蜇刺一只修女螳螂，如果伤口在正中央，得出的是多次被证实的结论，对此我不会激动和惊讶。螳螂胸部凶狠的刀形前足突然麻痹了，一架机器的粗大发条突然折断，也不会停顿得更突然。通常，锋利的前足遭到麻痹，在一两天内会影响到其他的几足，并且麻痹后的昆虫不到一星期便会死掉。然而眼前的刺伤偏离了中心，螫针刺入右足根部，距离中心点不到一毫米。就在这条足麻痹的一瞬间，由于另一条足并未受损，螳螂毫不迟疑地用这条足末端的钩子将我的手指钩出了血。第二天，昨天钩伤我的那条足变得无法动弹，不过麻痹没有扩散到其他部位，强悍的螳螂缓缓爬行，像平时一样，神气地挺着前胸；但锋利的臂铠甲本该收拢在胸前，随时准备出击，而今却无力地分别垂于两侧。这只残废的螳螂被我一直留了12天，由于它无法用钳子将猎物夹起送至嘴边，所以拒绝进食。结果，绝食太久使它丧生了。

第二个例子是行动失调。我有一则关于一只距螽的记录，它被刺入的位置在胸部的中线外，虽然六足能动，却不能走，不能爬，行动缺乏协调性。它无法确定是前进或是后退，是朝左抑或朝右，动作十分怪异、笨拙。

我再举一个偏瘫的例子。一条花金龟幼虫被从偏离前足位置的部位刺入，它右半边的身体开始松弛，摊开，无法收缩，而左边的身体却变得浮肿，起皱纹，蜷缩起来。由于左边不再与右边动作协调一致，幼虫不能像以往那样蜷成正常的环形，而是一侧紧缩成圈，另一侧半舒展。显然，神经器官的集中点只被毒液感染了纵向的一半，这就足以解释在所有实验中产生这种奇特现象的原因。

再多举些例子是无济于事的，我已见识够了蜂腹无规律螫刺而引起的各种结果，甚至找到了问题的关键。蜂类的毒液能使猎物达到捕食性昆虫所要求的状态吗？能，我有实验为证。然而这种证据需要付出耐心、牺牲品，换言之，必须付出可恶的残忍；代价如此之大，所以实验只要成功一次就够了。在如此艰难的条件下，我使用一种剧烈的毒液，一次成功就足以证明，事情只要发生一次，就说明它是可能发生的。

　　一只雌性距螽前胸被刺，离前足极近。它抽搐着挣扎了几秒，随后侧着跌落，腹部搏动，触角颤抖，足轻微地动了几下，跗节紧紧地钩住我伸出的镊子。我将它翻转朝天，它保持这种姿势一动不动，状态完全和朗格多克飞蝗泥蜂蜇过的距螽一样。在三周中，我又看到了我熟悉的每个细节，不论是从地下洞穴中挖出的或躲开猎人的猎物上演的剧目：长长的触角在抖动，大颚半开，唇须和跗节微微颤抖，产卵管在跳动，腹部隔很长时间抽动几下，只须用镊子触碰，它就会出现生命的迹象。第四周，生存的迹象变得越来越微弱，渐渐消失了，但距螽一直保持着无可非议的新鲜状态。最后过了一个月，麻痹后的距螽逐渐变成褐色，一切都结束了，距螽死了。

　　我再用一只蟋蟀实验也取得了成功；第三次实验也成功了，实验对象是一只修女螳螂。在这三个案例中，猎物都长时间保持新鲜状态，都有轻微的动作表明生存的迹象。我的受害者和捕食性昆虫受害者的状况非常相似，飞蝗泥蜂和步甲蜂应该也会接受我提供的受害者。我的蟋蟀、距螽、螳螂都和昆虫猎手的猎物一样，保持着新鲜状态，都能保存一段时间，让幼虫完成变态绰绰有余。蜂类曾用最明确的方式向我证明过，如今又向读者证明，它们的毒液除了剧烈的毒性外，效力与捕食性昆虫的毒液毫无二致。而毒液到底是呈碱性还是酸性，是个多余的问题，两者都能毒化、刺激、摧毁神经中枢，并由感染方式的不同而引起死亡或麻痹的结果。目前的情况就是这样，毒液只要极微的剂量就如此可怕。虽然毒液的作用仍无法完全了解，但最起码我已经明白，捕食性昆虫保存幼虫食物的方法，不是因为毒液的特性，而是取决于它捕猎时精准的剑法。

最后一个异议是达尔文提出来的，比其他的更为模棱两可。达尔文认为，昆虫的本能并非像化石一样一成不变地保存下来。大师啊，假使如此，那么那些本能会告诉我们什么呢？不过是些如今的本能展示给我们的东西。地质学家不就是在当前世界，凭想象复原原始的骨骼吗？仅凭着类似，他们就告诉我们侏罗纪的某种蜥蜴是如何生活的。对那并非一成不变的习俗，他们讲得更多，而且是令人信服的，因为现在教会了他们过去。那么，我们也像他们那样来试试吧。

假定一只蛛蜂的祖先栖息在煤页岩中，它的猎物是某种丑陋的蝎子，蛛形纲的祖先。蛛蜂是如何征服可怕的猎物的呢？类比告诉我们，它使用的是当今的狼蛛祭司的方法，先解除对手的武器，在某一点上刺一下，麻醉对手的毒针，这个攻击点通过解剖可以确定。如果不采用这种方法，进攻者就完了，很可能会被刺伤而被对手吞噬。是蛛蜂的祖先，即蝎子的杀手深谙技艺呢，还是它的种族像如今的狼蛛刽子手一样，如果没有一刺便麻醉毒钩的本事，就无法繁衍后代呢？我无法由此得出结论。第一只蛛蜂大胆地用出色的剑术将石炭纪的蝎子刺伤；第一只与狼蛛短兵相接的蛛蜂，也清楚地知道颇具杀伤力的手术法则。一旦犹豫不决，一旦徘徊不前，它们就会失败，开创者并没留下弟子继承和完善其技艺。

但有人坚持认为，本能会给我们提供前进的媒介和阶梯，会向我们指明渐进的过程，会从偶然、无任何规律可循的尝试，达到完美的实践，并积累成为数世纪的成果。本能的多样性，为我们提供从简单追溯到复杂的可比内容。大师啊，不要固执于此吧；如果你认为本能是多样的，可以从简单到复杂的起源中寻找原因，那么我们就不必翻找板岩层这些旧时代的档案了。当今时代给我们的思考增添了源源不断的财富，也许一件事只要显出很小的可行性，就能在其中实现。在短短的半个世纪的研究中，关于本能，我只窥到了一个非常不起眼的角落，然而我所得到的成果却因本能的多样性而难以处理，我至今还没发现捕猎方式完全一样的捕猎性昆虫哩。

有的只蜇一下，有的两下，有的三下，有的十下；这一只蜇在这里，另一只蜇在那里，第三只也毫不相仿，蜇在别的地方；有的伤害对方头部神经将其杀死，有的不伤害对方而将其麻醉；还有的咬住颈部神经节造成暂时性的麻木，有的根本不知道攻击脑部的效果，有的让猎物吐出蜜汁，因为它的后代可能被蜜汁毒害，而大多数则没有任何抵御措施可采用。有些昆虫先解除拥有毒刺的对手的武装，而更多的用不着操心，因为它们对付的是无毒的对手。在预备战斗中，我知道有的昆虫逮住受刑者的颈项，有的抓住喙，有的抓触角，还有的抓尾部；我知道有的昆虫将猎物翻转朝天，有的和猎物胸顶着胸竖立，有的采用一般的下手方法，有的从纵向或横向攻击，有的爬上对手的背部，有的爬上腹部，有的挤压背部使其胸甲出现裂痕，有的以腹部末端为楔子，打开对手拼命蜷成的环。我还知道什么呢？所有的剑术都被它们用尽了。我也许没有提到卵。有的卵悬吊在从天花板上垂下像钟摆一样的丝上，下面是扭动的食物；有的卵放置在仅够吃开始几餐的食物之上，成虫每天都得给它供给食物；有的卵放在被麻醉的猎物上；有的卵被放在一个确定的地方，对于食客和食物都毫无风险，而为了保持食物的新鲜，幼虫用特殊的技艺来吞食肥胖的猎物！

那么，这变化万千的本能，又如何告诉我们本能的渐进过程呢？从泥蜂和土蜂的一蜇，到蛛蜂的两击，到飞蝗泥蜂的三蜇，到砂泥蜂的数蜇？是的，如果我们只考虑数字化的进程，那么一加一等于二，二加一等于三，以此类推，累加数目就成了。但是，这就是我们要解决的问题吗？算术在此有何作用？难道就没有一个不用数字表达的论据来解决问题吗？事实上猎物在变化，解剖方式也随之变化，手术师总是非常了解它要动手术的对象。简单的一蜇是刺向神经节集成团的对手，多次攻击是刺向神经节分散的猎物；狼蛛捕猎者的两次出击，一次是用于解除猎物的武装，另一次用于麻醉对方。别的昆虫也以此类推。总之，每种猎手都能凭着本能，找到猎物的神经组织的秘密，手术师十分了解猎物的解剖生理结构。

土蜂的简单一击和砂泥蜂的一连串蜇刺同样精彩，它们都掌握了猎物的命运，从我们的学识来看，它们都采用了一种最合理的手法来处置猎物。在这类深奥的让我们疑惑不解的科学面前，一加一等于二的论据是多么的苍白无力！数目的递增对于我们又有什么作用呢？一滴水展现了一个宇宙，在螯针合乎逻辑的一击之中，揭示了普遍的逻辑。

此外，紧扣可怜的论据，一到二，二到三，这是毫无疑问的。然后呢？姑且把土蜂看作是这种技巧的基本原理的奠基者，它单一的蜇刺可以让我们做这种假设。由于意外地采用了某一种方法，它学会了技巧，清楚地知道如何在花金龟幼虫的胸部仅仅一击就将其麻醉。某一天，很偶然地，或者说不经意的情况下，它蜇了两下。其实，一蜇就足以对付花金龟幼虫，那么，除非是猎物有所改变，否则重复的一蜇就是毫无价值的。屈服在杀手的屠刀下的新猎物是谁呢？既然狼蛛都要被蜇两下，似乎新猎物该是一只肥大的蜘蛛。而新手土蜂呢，它机智巧妙地，先从颈部刺入，第一次尝试就解除了对手的武装，然后顺着正下方靠近胸部，击中致命点。它的成功让我难以置信，如果螫针失手了，或是击偏了，我就会眼睁睁地看着它被吞噬掉。尽管我认为成功是不可能的，但还是姑且认为它成功了吧。我会看到从这次幸运的事件中，这一科的昆虫只保存了对食物味道的记忆，尽管消化肉食幼虫会在以花汁为食的昆虫的脑海中留下印象；那么我认为，这一科昆虫会被迫在希望渺茫的情况下，等待第二次攻击的灵感，每次都必须冒着死亡的危险，为自己和后代取得成功。承认这种种不可能积累起来的结果，超出了我轻信的能力。一的确能达到二，但捕猎性昆虫的一击根本不会转变为两击。

为了生存，每只昆虫都必须找到能生存的条件，这是可以和关于拉·巴利斯①那有名的歌谣相媲美的事实。捕食性昆虫依靠其卓越的天赋技能而生存。如果它们没有纯熟的技艺，种族就无法繁衍。关于本能并非自古未变的看法，过去隐藏在蒙昧无知中，而今也像其他的伪论一样，经受不住真理的阳光，在事实的冲击下崩溃，在巴利斯的真理②面前消失了。

---

① 拉·巴利斯（1470—1525）：法国将军，他的士兵为他写了一首歌："在他死之前一刻钟，他还活着……"歌词虽真实却幼稚。——译注

② 巴利斯的真理：指众人皆知的真理。——校注

第十七章 天牛

我年轻时曾经对著名的肯迪拉克的雕塑崇拜万分。他认为天牛有天赋的嗅觉，它们嗅着一朵玫瑰花，仅仅依靠闻到的香味，便能产生各式各样的念头。我曾有20年深信这种形式上的推理，听取这个富有哲学思想的教士的神奇说教，感到十分满足。我以为我只要嗅一下，雕塑便会活过来，能产生视觉、记忆、判断能力和所有心理活动，就像一粒石子可以在一潭死水中激起层层涟漪。然而在我的良师昆虫的教育之下，我放弃了幻想。昆虫所提出的问题比起教士的说教更深奥，正如同天牛将告诉我们的那样。

当灰色的天空预示寒冬即将来临的时候，我便开始着手储备冬天取暖用的木材。忙碌给我日复一日的写作带来了一点点消遣。在我再三叮嘱之下，伐木工在伐木区内为我选择了年龄最大且全身蛀痕累累的树干。我的想法让他感到好笑，他寻思我出于什么念头，需要蛀痕累累的木材，他认为优质的木材更易于燃烧。我当然有我的打算，这忠厚的伐木工按我的要求为我提供了木材。

现在我开始进行观察。漂亮的橡树干上有一条条蛀痕，有些地方甚至被开膛破肚，橡树带着皮革味道的褐色眼泪在伤口上发光。树枝被咬，树干被啃噬，在树干的侧面又有些什么呢？是些对我的研究极为珍贵的财富。在干燥的沟痕中，各种各样越冬的昆虫已经做好了宿营的准备。扁平的长廊，是吉丁的杰作；壁蜂已经用嚼碎的树叶，在长廊中筑好了房间；在前厅和卧室里，切叶蜂已经用树叶制成睡袋；在多汁的树干中，则憩息着神天牛，它们才是毁坏橡

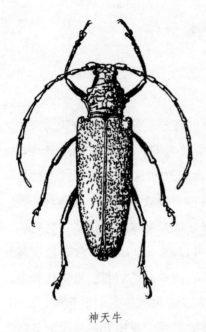

神天牛

树的罪魁祸首。

相对生理结构合理的昆虫，天牛幼虫多么奇特啊！它们就像一些蠕动的小肠！每年在这个季节，即中秋时节，我都能看到两种年龄的天牛幼虫，年长的幼虫有一根手指粗细，另一种只有粉笔大小。另外，我还看到过颜色深浅各异的天牛蛹和一些天牛成虫，它们的腹部都是鼓胀的，等到天气转暖，它们就会从树干中出来。它们在树干中大约要生活三年，这样漫长而孤独的囚禁日子，天牛是如何度过的呢？天牛幼虫缓慢地在粗壮的橡树干内爬行，挖掘通道，用挖掘出来的木屑作为食物。修辞学中有"约伯的马吃掉了路"的比喻，而天牛幼虫吃掉了路却是实实在在的。它的大颚像木匠的半圆凿，黑而短但极强健，虽无锯齿，却像一把边缘锋利的汤羹，用它来挖掘通道。被钻下来的碎屑经过幼虫的消化道之后被排泄出来，堆积在幼虫身后，留下一条被啮噬过的痕迹。工程中所挖出来的碎屑进入幼虫的肚子后，给幼虫开辟出了前进的空间，幼虫一边挖路，一边进食。随着工程的进展，道路被挖掘出来；随着残渣不断阻塞在身后，幼虫不断地前进。所有的钻路工一般都是这样从事自己的工作的，既获得食物，同时又找到安身之所。

为了使两片半圆凿形的大颚能顺利工作，天牛幼虫将肌肉的力量集中于身体前半部，使之呈现出杵头的形状。另一个优秀的木匠吉丁幼虫，也是用同样的姿势进行工作。吉丁幼虫的杵头更为夸张，用来猛烈挖掘坚硬木层的那部分身体，具有强健的肌肉；而身体的后半部由于只须跟在后面，因此显得较纤细。最重要的是，大颚作为挖掘工具，应该有强力的支撑和强劲的力量。大牛幼虫用围绕嘴边的黑色角质盔甲，来加固半圆凿状的大颚。除此之外，幼虫其他部位的皮肤像缎面一样细腻，像象牙一样洁白。光泽与洁白来源于幼虫体内营养丰富的脂肪层，这对饮食如此贫乏的昆虫来说，是多么难以想象啊。确实，整天不停地啃啊嚼，是天牛幼虫唯一的事情。不断进入天牛幼虫胃里的木屑，不间断地补充些微的营养成分。

天牛幼虫的足分三节，第一节呈圆球状，最后一节呈细针状，这些仅仅是退化的器官。足长仅仅只有一毫米，对于爬行是毫无帮助的；因为身体肥胖，它们够不到支撑面，甚至不能用作支撑身体。天牛幼虫用于爬行的器官非常独特。花金龟幼虫已经向我们展示过，利用纤毛和背部的肥肉仰面爬行，把普通的习俗颠倒过来。天牛幼虫更为灵活，它既可以仰面爬行，也可以腹部朝下行走；它用爬行器官取代胸部软弱无力的足，这种爬行器官背离常规，长在腹部。

天牛幼虫腹部的前七个体节，背腹面各有一个四边形的步泡突，使幼虫可以随意膨胀、突出、下陷、摊平。背面的四边形步泡突再一分为二，以背部的血管为界，腹面的四边形步泡突则看不出有两部分。这就是天牛幼虫的爬行器官，类似棘皮动物的步带。如果天牛幼虫想前进，它首先鼓起后部的步泡突，压缩前半部的步泡突。由于表面粗糙，后面几个步泡突将身体固定在窄小的通道壁上以得到支撑，而压缩前面几个步泡突同时尽量伸长身体，缩小身体的直径，这样它便向前滑动爬行半步。走完一步，它还要在身体伸长之后，把后半部分身体拖上来。为了达到这一目的，幼虫前部步泡突鼓胀起来作为支点，同时后部步泡突放松，让体节自由收缩。

借助背腹面的双重支撑、交替收缩和放松身体，天牛幼虫在自己挖掘的长廊中进退自如，就像工件能在模子里进退自如一样。但是如果背腹面的行走步泡突只能用一个，那么它就不可能前进。如果将天牛幼虫放在光滑的桌面上，它会慢慢弯起身体乱动，它伸长身体，收缩，却不能向前一步。一旦将它放在有裂痕的橡树干上，因为树表粗糙，凹凸不平，好像被撕裂了似的，天牛幼虫便可以从左到右，又从右到左，缓慢地扭曲身体的前半部，抬起、放低，又重复这个动作，这是它最大的行动幅度。它那退化的足一直没有动，丝毫不起作用。它为什么会有这样的足呢？如果在橡树内爬行真的使它丧失了最初发达的脚，那么完全没有脚岂不更好？环境的影响使幼虫长着步泡突，真是太绝妙了；但让它留下残肢，不又太可笑了吗？那么，是不是天牛幼虫的身体结构，不是受生存环境的影响，而是服从其他法则呢？

如果这些残弱的足是成虫足的原基，但成虫敏锐的眼睛在幼虫身上却没有丝毫雏形，在幼虫身上，任何微弱的视觉器官痕迹都没有。在厚实而黑暗的树干内生活，视力又有什么用处呢？天牛幼虫也同样没有听觉能力。在橡树内生活，没有任何声响，听觉当然也毫无意义。在没有声音的地方，为什么需要听觉能力呢？如果有人对此抱有怀疑，我可以用以下的实验来回答。剖开树干，留下半截通道，我便能跟踪这个正在橡树内工作的居民。环境很安静，幼虫时而挖掘前方的长廊，时而停下来休息片刻，休息时它用步泡突将身体固定在通道两壁。我利用它休息的时间，来了解天牛幼虫对声音的反应。无论是硬物碰撞发出的声音、金属打击发生的回响，还是用锉刀锉锯子的声音，测试都毫无效果。天牛幼虫对声响无动于衷，既没有皮肤的抖动，也没有警觉的反应，甚至我用尖头硬物刮它身旁的树干，模仿其他幼虫啮噬树干的声音，也没有取得更好的效果。人为的声响对于天牛幼虫，就像是对于无生命的东西一样毫无影响，天牛幼虫是毫无听觉能力的。

天牛的幼虫有嗅觉吗？各种情况都说明它没有。嗅觉只是作为寻找食物的辅助功能，天牛幼虫是无须寻找食物的。它以它的居所为食，以它栖身的木头维生。我做了几个实验。我在一段柏树干中挖了一条沟痕，直径与天牛幼虫长廊的直径完全相同；然后，我将天牛幼虫放入其中。柏树有很浓的味道，具有大多数针叶植物都拥有的强烈的树脂味。天牛幼虫被放入气味浓郁的柏树沟痕之中，很快便爬到了通道的尽头，接着就不动了。这难道不就证实了天牛幼虫缺乏嗅觉能力吗？对长期居住在橡树内的天牛幼虫来说，树脂这种独特的气味总会引起它的不适和反感吧，而这种不快的感觉应该会通过身体的抖动或逃走的企图表现出来。然而，它完全没有类似的反应。一旦找到合适的位置，幼虫便不再移动。我于是又做了更好的实验，我将一撮樟脑放在天牛幼虫的长廊里，距天牛很近的地方，仍然没有效果。我又用萘进行同样的实验，仍然是徒劳的。经过这些毫无效果的实验之后，我认为，否定天牛幼虫有嗅觉不会有太大的问题。

天牛幼虫有味觉是无可争议的，但是，这是怎样的味觉呀！在橡树内生活了三年的天牛幼虫，唯一的食物便是橡树，再没有别的。那么天牛幼虫的味觉器官又如何评价这唯一的食物的滋味呢？吃到新鲜多汁的橡树干会觉得美味，吃太干燥又没调味品的树干会觉得乏味，这可能就是天牛幼虫全部的品味标准。

　　天牛幼虫还有触觉。触觉相当分散，而且是被动的，任何有生命的肉体都具有触觉，被针刺会痛苦扭曲。总之，天牛幼虫的感觉能力只包括味觉和触觉，而且都相当迟钝。它让我想起肯迪拉克的雕塑，哲学家心中理想的生物，只有嗅觉这一种感觉能力，同正常人一样灵敏；而现实中的生物，橡树的破坏者天牛幼虫，却具有两种感觉能力，但两者加起来，与肯迪拉克所谓能分别玫瑰花的嗅觉能力相比，则迟钝得多。现实与幻想大相径庭。

　　那么，像天牛幼虫这样消化功能强大而感觉能力极弱的昆虫，它的心理状态是什么样的呢？我们脑海中常常会有个不切实际的愿望：用狗迟钝的大脑进行几分钟思考，用蝇的复眼来观察人类。那么，事物外表的改变会是多么巨大呀！如果通过昆虫的智力来解释世界，变化就更大了！触觉和味觉会给已经退化的感觉器官带来些什么呢？很少，几乎没有。天牛幼虫只知道，好的木块有一种收敛性的味道，未经仔细刨光的通道壁会刺痛皮肤，这就是它的最高智慧。相比之下，肯迪拉克所认为拥有良好嗅觉的天牛，真的是科学中的一大奇迹，一颗灿烂的宝石，是创造者溢美的杰作。它可以回忆往事，比较、判断，甚至推理；可是在现实中，这个半睡眠的大肚虫子，它会回忆吗？会比较吗？会推理吗？我把天牛幼虫定义为"可以爬行的小肠"，这个非常贴切的定义为我提供了答案：天牛幼虫所有的感觉能力，就是一节小肠所能拥有的全部。

　　然而这个无用的家伙却有神奇的预测能力，它对自己现在的情况几乎一无所知，却可以清楚地预知未来。我现在就来解释一下这个奇怪的观点。在三年之中，天牛幼虫在橡树干内流浪生活。它爬上爬下，一会儿到这里，一会儿到那里；它为了另一处美味而放弃眼前正在啮噬的木块，但始终不会远离树干深处，因为这里温度适宜，环境安全。当危险的日子来临时，这个隐居者不得不离开蔽身之所，挺身面对外界的危险。光吃还不够，它必须离开此处。天牛幼虫拥有良好的挖掘工具和强健的体魄，要钻入另一环境优良的地方开非难事；但是未来的天牛成虫，它短暂的生命应该在外界度过，它有这样的能力吗？在树干内部诞生的长角昆虫，知道为自己开辟一条逃走的道路吗？

这个困难必须依靠天牛幼虫凭直觉来解决。虽然我有清晰的理性，但不如它那样熟知未来，我还是求助一些实验来说明问题。从实验中我首先发现，天牛成虫想利用幼虫挖掘的通道从树干中逃出，是不可能的事情。幼虫的通道就好比是一个复杂、漫长且堆放了坚硬障碍物的迷宫，直径从尾部向前逐渐缩小。当钻入树干时，幼虫只有一段麦秆大小，到现在它已长成手指般粗细了。三年中在树干里挖掘，幼虫始终是根据自己身体的直径进行工作，因此幼虫进入树干的通道和行动的道路，已经不能作为成虫离开树干的出口，成虫伸长的触角，修长的足，还有无法折叠的甲壳，会在曲折狭窄的通道内碰到无法克服的阻碍，它必须先清理通道里的障碍物，并大大加宽通道的直径。对于天牛成虫而言，开辟一条笔直的新出路难度要小一些。但是，它有能力这么做吗？我们拭目以待。

我将一段橡树干劈成两半，并在其中挖凿了一些合适天牛成虫的洞穴。在每一个洞穴中，我放入一只刚刚羽化的天牛成虫。然后将两半树干用铁丝合起来。这些天牛是我10月从过冬的储备木材中发现的。6月到了，我听到树干中传出了敲打的声响。天牛们会出来吗？还是无法从中逃脱？我认为它们逃跑不会太艰辛，只须钻一个两厘米长的通道便可以逃走。然而，没有一只天牛逃出来。当树干没有响动的时候，我将树干剖开，里面的俘虏全部死了。洞穴里只有一小撮木屑，还不足一口烟的烟灰量，这便是它们全部的工作成果。

我对天牛成虫的大颚这强劲的工具期望过高。但是，我们都知道，工具并不能造就好的工人。尽管它们拥有良好的钻孔工具，但是这个隐居者由于缺乏技巧，在我的洞穴中死去了。我于是又让另一些天牛成虫经受较为缓和的实验，我把它们关在直径与天牛天然通道直径相当的芦竹茎中，用一块天然隔膜作为障碍物，隔膜并不坚硬，有三四毫米厚。有一些天牛从芦竹茎中逃出了，另一些则不行，那些不够勇敢的天牛，被隔膜堵在芦竹茎中，死了。如果它们必须得钻通橡树干，会是什么样呀！

于是，我深信，尽管体魄强壮，但天牛成虫靠自己的力量，无法从树干中逃脱出来。开辟解放之路，还得靠貌似肠子的天牛幼虫的智慧。天牛以另一种方式再现了卵蜂虻的壮举。卵蜂虻的蛹身上长有钻头，为以后那长了翅膀却无能的成虫钻出通道。出于一种不可知的神秘预感的推动，天牛幼虫离开安宁的蔽身所，离开无法被攻克的城堡，爬向树表，尽管它的天敌啄木鸟正在找寻味美多汁的昆虫。它冒着性命的危险，固执地挖掘通道，直到橡树的表皮层，只留下一层薄薄的阻隔作为遮掩自己的窗帘。有时，有些冒失的幼虫甚至捅破窗帘，直接留出一个窗口。

这就是天牛成虫的出口，它只须用大颚和额角轻轻捅破这层窗帘便可逃生。如果窗口是畅通的，无须付出劳动便可以从已经打开的窗口逃走，这是常有的事情。因此，天牛成虫这身披古怪羽饰、笨手笨脚的木匠，等到天气转暖时就能从黑暗中出来。

在为将来逃走做好准备之后，天牛幼虫又开始操心眼前的工作。挖好窗户之后，它退回到长廊中不太深的地方，在出口一侧凿了一间蛹室。我以前还未曾见过如此陈设豪华、壁垒森严的房间，蛹室是一个宽敞的扁椭圆形的窝，长达80～100毫米，截面的两条中轴长度不一样，横向轴长为25～30毫米，纵向轴长则只有15毫米。这个尺寸比成虫的长度更长，适合成虫的足自由活动。当打破壁垒的时刻来临时，这样的居室不会给天牛成虫造成任何行动的不便。

这壁垒是天牛幼虫为了防御外界敌害而设置的房间封顶，有两至三层，外面一层由木屑构成，是天牛幼虫挖掘出来的残屑，里面一层是一个矿物质的白色封盖，呈新月形。通常情况下，最内侧还有一层木屑壁垒与前两层连在一起，但并不是绝对如此。有了这么多层壁垒的保护，天牛幼虫便可以安稳地待在房间里准备化蛹。天牛幼虫从房间壁上锉下一条一条的木屑，这便是细条纹木质纤维的呢绒，天牛幼虫将呢绒贴回到四周的墙壁上，铺成一层不到一毫米厚的墙毯。房间四壁就这样被天牛幼虫挂上了莫列顿绒呢挂毯。这就是这个质朴的幼虫为蛹精心准备的杰作。

现在我们回头再看看布置最奇特的部分，那层堵住入口的矿物质封盖。这个白石灰色的椭圆形帽状封盖，主要成分是坚硬的含钙物质，内部光滑，外面呈颗粒状突起，好似橡栗的外壳。外表突起的结构说明，这层封盖是天牛幼虫用稀糊一口一口筑成的。由于天牛幼虫无法触碰到封盖外部，无法修饰，于是外部凝固成细小的突起；内侧一面在幼虫的能力范围之内则被锉得光滑、平整。天牛幼虫给我们展示的这个绝妙的标本，奇特的封盖，有什么性质呢？它像钙那样，既坚硬又易碎，不用加热就可以溶于硝酸，并随之释放出气体。溶解的过程很漫长，一小块封盖往往需要数小时才能溶化；溶化之后剩下一些带黄色的、看上去类似有机物的絮状沉淀物质。如果加热，封盖会变黑，证明其中含有可以凝结矿物的有机物。在溶液中加入草酸氨之后，溶液变得浑浊，而且留下白色沉淀。从这些现象便可以知道，封盖中含有碳酸钙。我想从中找到一些尿酸氨的成分，这种物质在昆虫化蛹过程中很常见，但是我没有发现，因而我可以断定，封盖仅仅是由碳酸钙和有机凝合剂构成，这种有机物大概是蛋白质，使钙体变得坚硬。

如果条件更好一些，我可能已经研究出天牛幼虫分泌石灰质物质的器官了。不过我深信，提供钙物质的应该是天牛幼虫的胃，它是个能进行乳化作用的生理器官。胃从食物中将钙分离出来，或者直接得到钙，或者通过与草酸氨的化学反应来获得。在幼虫期结束时，它将所有的异物从钙中剔除，并将钙保存下来，留待设置壁垒时使用。这个石料工厂没有什么令我惊讶的，工厂经过转变之后，开始进行各种各样的化学工程。某些芜菁科昆虫，如西芜菁，通过化学反应在体内产生尿酸氨；飞蝗泥蜂、长腹蜂、土蜂则在体内生产蛹室所需的生漆。今后的研究我还将会发现器官能够生产的更多的产品。

通道修好，房间用绒毯装饰完毕，用三重壁垒封起来之后，灵巧的天牛幼虫便完成了它的使命。于是，它放弃挖掘工具，进入蛹期。处于襁褓期的蛹虚弱地躺在柔软的睡垫上，头始终朝着门的方向。表面上看来，这是无关紧要的细节，实际上极为必要。幼虫由于身体柔软，可以随意在房间里翻转，因而头朝向哪个方向并没有什么区别。然而，从蛹中羽化出的天牛成虫却没有自由翻转的特权，由于浑身穿有坚硬的角质盔甲，天牛成虫无法将身体从一个方向转向另一个方向，它甚至会因为房间狭窄而无法弯曲身体。为了避免不被囚死于自己建造的房间里，它的头必须朝向出口。如果幼虫忽略了这个细节，如果在蛹期天牛头朝向房间底部，天牛成虫就必死无疑，它的摇篮将会变成无法逃脱的囚笼。

但是我们无须为危险而担忧，这节肠子如此会为将来打算，它不会忽略这个细节而头朝里进入蛹期的。暮春时节，力气恢复的天牛向往光明，想参加光辉的节庆，它想出门了。它面前是什么呢？一些细小的木屑，三两下便可以清除；接下来是一层石质封盖，它无须将它打碎，只要用坚硬的前额一顶或用足一推，这层封盖便会整块松动，从框框中脱落。

我发现被弃置的封盖都是完好无损的，接着是第二层由木屑构成的壁垒，与第一层一样容易清除。现在，道路通畅了，天牛成虫只要沿着通道便可以准确无误地爬到出口。如果窗户事先没有打开，它只要咬开一层薄薄的窗帘即可出到阳光下。现在天牛出来了，长长的触角激动得不停地颤抖。

天牛对我们有什么启发呢？天牛成虫没有任何启发，但幼虫却对我们启示颇多。这个小家伙感觉功能这么差，预见能力却如此奇特，令我深思。它知道未来的成虫无法穿透橡树而从中逃走，于是它冒着危险，自己动手为成虫挖掘出口。它知道成虫由于披有坚硬的甲壳而无法自由翻转身体，找到房间的出口，便关怀备至地让头朝房间门而卧。它知道蛹肌体柔弱，于是用木质纤维的毛绒布置卧室。它知道敌害随时会在漫长的蛹期发动进攻，于是为了完成修筑洞穴和壁垒的工程，它便在胃内储存石灰浆。它能够准确地预知未来，或者更确切地说，它正是按照对未来的预见而工作的。它的行为动机从何而来呢？当然不是靠感觉的经验。对于外界它又了解些什么呢？我再重复一遍，只是一节肠子所能知道的那么多。这贫乏的感觉让我赞叹不已。我非常遗憾，那些头脑灵活的人只想象出一种只能嗅出玫瑰花香的肯迪拉克式动物，却没有想象出一个具有某种本能的形象。我多么希望他们能很快认识到：动物，当然包括人类，除了感觉能力之外，还拥有某些生理潜能，某些先天的而并非后天的启示。

第十八章 树蜂的问题

樱桃树养活着一种黑如炭精的小个子天牛，它便是栎黑天牛。这是研究天牛幼虫的生活习性的好时机，我可以了解在昆虫外形和身体结构不变时，本能是否会改变。这种天牛家族中的小个子，也具有靠啃噬橡树维生的神天牛同样的本领吗？如果本能是由昆虫的结构所决定，我应该可以从两种天牛的身上找到严格的相似之处；如果相反，本能只是昆虫结构派生的一种特殊才能，那么本能就应该是变化多样的。我不由得再次思考：是工具支配职业，还是职业决定工具的使用呢？本能是身体结构派生的呢，还是身体结构为本能服务呢？一株年迈将死的樱桃树会给我提供答案。

我用平铲剥开这株樱桃树斑驳的树皮，在树皮下聚居着一群昆虫的幼虫，它们都是栎黑天牛的幼虫。其中有体格弱小的，也有体

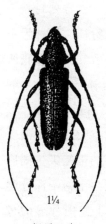

1¼

栎黑天牛

格强健的；此外，还伴有一些蛹。这些情况证实，栎黑天牛的幼虫期也为三年，天牛科昆虫的幼虫期大多都是三年。我劈开树干，再劈碎，在内部任何地方都没有发现栎黑天牛的幼虫；所有的幼虫都群体聚居在树干和树皮之间。它们在那里挖了一个弯弯曲曲、理不清头绪的迷宫，蛀痕紧密聚集在一起，纵横交错，有些地方窄如陌巷，有的地方又豁然开朗。这个迷宫一头通向树木的边缘表皮，另一头又连接树木的韧皮部分。这些情况表明，栎黑天牛幼虫的习性有别于神天

牛幼虫，栎黑天牛幼虫只啃噬树干薄薄的外层并以树皮为隐蔽，而神天牛幼虫却在树干内部寻找蔽身之所并就地取食。

两种天牛的区别主要集中地体现在进入蛹期之前所做的准备工作上。以樱桃树为食的栎黑天牛幼虫离开树的皮层，钻入树干内约两个拇指深的地方，身后留下一条宽敞的通道，并将通道口用完整无缺的树皮细心遮蔽起来。这宽敞的通道便是未来成虫逃出树干的出路；通道尽头的树皮则作为遮掩出口的帷幔。最后，在树干内部，幼虫挖掘出一个为蛹准备的房间。这是一个橄榄形的巢穴，3～4厘米长，1厘米宽。房间的四壁光秃秃的，没有像以橡树维生的神天牛幼虫那样，用木纤维作为绒布装饰房间。房间的出口首先是被一层纤维质木屑堵塞，然后又是一层物质的封盖，但与神天牛的封盖相比，略小一些；接着是一层厚厚的细木屑覆于钙质封盖的凹面上，壁垒就这样筑成了。我还有必要提到幼虫在蛹期睡卧的方向应该是头朝向门吗？没有必要了，没有幼虫会忽略这个重要的细节。

总之，两种天牛拥有同样结构的房间封盖。我还注意到封盖是矿物质且呈新月形。从化学成分到类似栗壳的结构特征，两种天牛构筑的封盖一模一样，除了大小不同，两者完全一致。但是据我所知，还没有其他天牛能够这样做。在此，我非常乐意补充完整天牛的普遍特征，我还想加上一点，天牛的蛹室都是用钙质封板堵住的。

尽管结构相同，但两种天牛的习性并不会因此有太多的相似。以橡树为食的神天牛住在树干深处；以樱桃树为食的栎黑天牛则居于树木的皮层。在为变态而做的准备工作中，神天牛由树干深处爬到树表，栎黑天牛则由树表钻入树干之中；神天牛迎向外界的危险，栎黑天牛则逃避危险，在树干内寻求蔽身之所。神天牛以木纤维为绒装饰居室，栎黑天牛却忽略奢华的布置。
如果说工作的结果几乎相同，方式却截然相反，
可见工具并不能决定职业行为。这就是两种天牛
给我的启示。

1½

轧花天牛

　我还可以从其他各种天牛那里寻找证据。我
没有刻意去选择它们，只是随着我的发现随机做
一些描述。轧花天牛在黑杨树上生活，天使鱼楔
天牛则生活在樱桃树中。两者具有同样的身体组
织结构和同样的挖掘工具，因为它们是同属不同
种的昆虫。以杨树为食的轧花天牛，大致上采用了类同以橡树为食
的神天牛的生活方式。它居住在树干内部，临近蛹期时，便向外开
凿一条长廊，长廊的出口通畅，或者由尚未凿开的树皮作为遮拦，
然后重又返回并用木屑作壁垒堵住通道；在距树心约20厘米的地
方，它为进入蛹期挖凿出一个洞穴，洞穴里未进行特别的布置，防
御敌害的手段也只有一长条细木屑。当需要从树干中逃生出去的时
候，它只须用足将木屑推到身后，通道在它面前便完全畅通无阻。
如果通道出口有一层树皮窗帘遮盖，它可以用大颚轻松地将其除
去，因为这层树皮柔软而且薄。

　天使鱼楔天牛则模仿与它同树而栖，以樱桃树
为食的栎黑天牛的生活习性，幼虫居于树皮与树干
之间。为了完成变态，它不往外爬反向里钻，在与
树表平行、相距不到一毫米的边缘，挖凿一个圆柱
形、两头呈半球状的洞穴。洞穴里简单地用木质纤
维布置了一番，入口有一大团木屑壁垒，没有门
厅。天使鱼楔天牛的成虫只须清除堵在门口的木

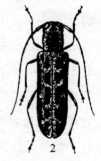

2

天使鱼楔天牛

屑，便可以看见薄薄的树皮，剩下的工作便是用大颚轻松地将树皮层钻开。我在此又看到了这样的现象：拥有相同挖掘工具的两种昆虫，却以各自不同的方式从事工作。

吉丁，同天牛科昆虫一样，也热衷于啮噬、破坏树木，无论是好树还是病树残枝都不能幸免。它向我重述了神天牛和楔天牛的论证。青铜吉丁是黑杨树的主人，它的幼虫钻入树干内部并从中取食。为了化蛹，幼虫在靠近树表的地方，修筑一个橄榄形的扁平卧室。在卧室后部是一条已经塞满蛀屑

1½

青铜吉丁

的长廊，卧室前方则伸向一个短短的弯曲度不大的门厅。门厅的尽头有一层完整无缺的树皮，不到一毫米厚，此外没有其他的防御措施，没有设置壁垒，也没有堆放木屑。想要出去时，吉丁成虫只须戳穿薄薄的无足轻重的木层，然后咬破树皮即可出到阳光下。

就像青铜吉丁钻入杨树干中一样，九点吉丁则钻入杏树干内生活。它的幼虫在杏树干内部开凿非常扁平的长廊，长廊一般与树轴平行；接着，在距离表层三四厘米深的地方，幼虫突然改变通道的方向，使它弯曲成肘形并通向树表。它在身体前方开凿出一条笔直的通道，并通过最短的路线前进，而不是像先前一样弯曲不规则地前行。这又是由于对未来敏锐的预测，促使它改变了工程的蓝图。九点吉丁的成虫呈圆柱形，幼虫则胸部较宽，其他部位变得窄小，看上去像条带子。成虫由于身上的甲壳无法折叠，因而需要圆柱形的通道；而幼虫需要的是非常扁平的通道，而且通道顶必须使幼虫背部的乳突得以借力。于是，吉丁幼虫彻底改变了开凿通道的工作。昔日，幼虫开凿的通道，适合它在树干深处漂泊不定地流浪，它简直像一条裂缝，狭长且高度很低。今天，这样笔直的圆柱形通

道，就算是打孔机也很难达到这样的准确程度。吉丁幼虫为了未来的成虫，而对通道结构做的突然改变，使我再一次深思这节肠子精准的预见能力。

圆柱形的通道出口沿直线以最短的距离穿透表皮纤维，而垂直通道与水平通道之间，大多由一个半径很大的圆弧连接起来，能让有坚硬甲壳保护的吉丁成虫毫无困难地通过。圆柱形通道的尽头是一条死胡同，离树皮不到两毫米，穿透这层完整的树板和外面树皮的工作，就交由成虫来完成。准备工作完成之后，幼虫原路返回，并用一层蛀下的细木屑加固通道尽头的木窗帘；它回到圆柱形长廊的尽头，并沿途放置细木屑将通道完全堵住；在那里，它不屑精心布置卧室，就头朝出口卧于其中。

我在户外的老松树桩里发现了许多八点吉丁。这些松树根外层非常坚硬，但中间却相当柔软，像火绒一样松散。在这柔软的、散发着树脂香味的树桩中，八点吉丁幼虫安居乐业。为了完成变态，幼虫离开了中间的肥美之地，钻入坚硬的木层中，挖凿出一些橄榄形略显扁平的洞穴，洞穴约为25～30毫米长，长轴与地面垂直。居室尽头延伸着一条宽敞的通道，通道或笔直或略为弯曲，这是由于通道出口在不同的方位，有的设在树桩的横截面上，有的处于树桩的一侧。几乎所有的通道都是完全通畅的，用于逃出的窗口也直接对外开放。在极罕见的情况下，幼虫才会将开凿出口的工作留给成虫来完成；但这项工作并非难事，因为通道口的木层薄得可以透光。但是，如果说方便的通道对于成虫是必要的，那么，对于蛹而言，防御的壁垒对于蛹的生命安全也是必要的；于是，幼虫用咬得很细的木屑粉堵住自由通道出口，木屑粉与普通木屑明显不同。在通道底部，也有一层木屑糊将卧室同幼虫蛀的扁平长廊分隔开来，

这些是幼虫的本职工作。最后，我用放大镜看到，卧室的四壁挂有
一张很细的木纤维织成的绒毯。以木纤维绒作为内衬的方法，啮噬
橡树的神天牛已经展示过，我认为这种情况在木栖昆虫中是很常见
的，无论是吉丁科还是天牛科昆虫。

5

露尾吉丁

　　介绍完这些由树干中心爬向树皮的流浪者之
后，我再列举一些由树表潜入树干内部的昆虫。露
尾吉丁，一种小个子的啮噬樱桃树的吉丁科昆虫，
它的幼虫居住在树干和树皮之间。当化蛹期到来之
时，这个小个子和其他昆虫一样，开始为将来和目
前的需求而操心。为了帮助未来的成虫，幼虫首先
啮噬树皮之下的木头，掘成一个通道，同时保留外
层树皮作为通道口的帷幔。然后，它在树干中凿出一个竖直的井状
卧室，并用不坚韧的木屑将出口堵住，以便将来弱小的成虫可以毫
无阻碍地离开洞穴。幼虫在井状卧室顶花的工夫比其他地方要多
得多，它用黏性液体将细木屑粘成一层封盖。这是幼虫为自己筑
的蛹室。

　　第二种吉丁，铜点吉丁，同样也是生活在樱桃树的树干和树皮
之间。尽管它强壮得多，却没花多少力气为蛹做准备工作。它的卧
室仅仅是通道的延伸和扩展，而且卧室内只简单地上了漆。由于不
喜欢令人烦躁的劳动，幼虫也不挖凿木层，只是在树皮中挖凿出一间
简陋的小屋，而且不挖开树皮，打开出口的工作由成虫自己来做。

　　每种昆虫都向我们展示了独特的工作方式、独特的职业技巧，
单单以工具的因素是解释不清的。当然，从这些细节中，我也会得
出一些重要结论。我还要补充更多细节，研究工作的主题才会更加
明确。我决定再次去寻问天牛科昆虫。

松树桩天牛

一种居于老松树桩中的松树桩天牛，它的幼虫修筑的通道，出口向外大大敞开。有的出口在树桩的横截面，有的出口在侧面。在大约两个拇指深的地方，通道被幼虫用一大团粗木屑做的长塞子堵塞住。接下去是蛹的卧室，圆柱形，扁平状，并用木纤维绒装饰过。再往下便是幼虫制造的迷宫，已经被消化过的木屑密密地堵塞住了。我再看看出口的路线，起先通道和树轴平行，如果出口开在树桩侧面，幼虫就细心地将通道弯成肘形，并以最短的直线距离通到外面；如果出口开在树桩截面，通道就径直延伸直达横截面。我还注意到，如果整个通道完全畅通，树皮也会被挖凿开来。

我在一些被剥去皮的绿橡树圆材内，发现了一种叫作绞天牛的昆虫。同样的逃脱方法，同样的缓缓弯曲成肘形的通道，并以最短的距离通向外界，同样的用木屑封堵住屋顶，它的通道同样也穿透树皮吗？由于圆材被剥去了树皮，我无法了解到细节。

热带天牛，樱桃树的钻探者，蜂形天牛，英国山楂树的挖掘工，它们也修筑圆柱形的出路，而且被急转成肘形，并在外端以剩下的树皮做窗帘，或保留厚度仅为一毫米的木层为遮挡。在离树表不远的地方，通道扩张成蛹室，卧室与通道被幼虫用密密堆积的蛀木屑分隔开来。

我再继续下去，可能只是赘述已经多次重复的道理。从这些例子中，我可以归纳出普遍的规律：天牛科和吉丁科这些木栖昆虫的幼虫，为成虫修筑奔向自由的出路，而成虫只须清除木屑障碍，或者钻穿薄薄的木层或树皮，即可重见天日。成虫和幼虫的职责完全背离了常规：幼虫身强体壮，拥有强健的挖掘工具，承担起繁重的工作；成虫却享受幸福的时光，不懂技艺，不工作，只是游手好闲。孩子本应躺在母亲怀抱中过天堂般的生活，却成了母亲的保护人。幼虫用大颚艰辛地挖掘通道的洞穴，使成虫既避免了外界的危险又无须费劲穿透坚硬的木层，将成虫引到充满欢乐的阳光下，幼虫为成虫舒适的生活创造了条件。

甲胄覆身的成虫看上去十分强健，它们真的是些无能的家伙吗？我将手中收集的各类昆虫的蛹，放在一些宽度与天然居室相当的玻璃管里，而且还用粗纸屑在玻璃管里衬了一层，为成虫的挖掘提供得力的支撑点。它们要钻穿的障碍物则多种多样：有的是只有一厘米厚的软木塞，有的是因腐烂而变软的杨木塞，还有的是正常木质的圆木片。大多数俘房都能够轻松地穿透软木塞和已经变软的杨木塞，这对它们而言，就好比是逃出时要钻开的薄薄的障碍、要钻透的树皮窗帘；当然，也有几个俘房无法通过这些障碍。但是，在坚硬的圆木片前，所有的俘房都死去了，它们的努力徒劳无益。在这些昆虫之中，当数神天牛最健壮，但它也这样死去了，无论是在我人造的橡树居室中，还是在仅仅用隔膜封住的芦竹茎中。

成虫缺乏力量，更确切地说，缺乏坚韧的耐力；幼虫则有天赋得多，它为了成虫而工作。它用不屈的耐力啃开通道，即使是体魄强健者，耐力也是成功的重要条件；幼虫开凿通道时的韧劲令我惊讶不已。由于它知道未来成虫的身体形态呈圆形或椭圆形，于是在挖掘出口通道的时候，长廊呈圆柱形，或筑成椭圆状。幼虫知道成虫急着见到外界的光明，于是它开凿最短距离的通道。幼虫的一生大部分时光都游荡于树干内部，它钟情的是扁平弯曲仅容身体勉强通过的通道，除非碰到很合胃口的木质，想多停留一会儿时，才把那儿挖大一些；而现在幼虫开凿规则、宽敞、短促的出口，并且弯曲成肘形通向外界。幼虫把时间大多都花在树中漫长而随意的征途之中；而成虫没有时间，它的日子屈指可数，必须尽快去到光明之中，因此，通道的长度应尽可能短，障碍物应尽可能少，只要保证安全就行。幼虫明白，如果连接横向和纵向通道的接口转弯过急，会阻止身体僵硬、不能弯曲的成虫通过，因而通道像一个缓缓弯曲的肘形通向外界。方向的改变，对于从树干深处爬出的昆虫来说，是很常见的。如果幼虫修筑的卧室离树表较近，工程则相对简单；如果卧室在树干深处，工程就需要长时间来完成。在这种情况下，如此规则的弯曲弧线，会让我产生用圆规测量的冲动。

如果我只观察过天牛和吉丁开凿的通道，那么我可能会因缺乏资料，而将这个拐弯的问题画上一个问号，因为天牛和吉丁通道中的拐弯过短，无法用圆规进行测量。幸亏一个幸运的发现，为我的研究提供了理想的条件。一株死去的杨树，在几米高的树干中，千疮百孔地被钻了许多笔杆粗细的圆形洞穴。我的研究真应感激它，这株如此难得的杨树，枯萎了却依然植根于土壤之中。我将它连根拔起，运回到家里，并用木工具将它沿纵向锯开，用刨子将截面刨平。

树干虽然仍保持原有的结构，但是由于生长着一种叫杨树伞菌的真菌丝，已经变得松软。树干内部被昆虫蛀食了，如果不提那无数的弯成肘形的通道横穿此层，外层约十几厘米的厚度，仍保持着良好的状况。在树干的截面上，原先居住其中的幼虫留下的通道形状很美丽，看上去就像个麦捆。通道几乎是笔直且相互平行的，在树干中心集中成一束，又发散开来，向高处延伸并且呈弯曲的肘形缓缓展开，每一条都通向树表的一个出口。这束通道不像麦捆那样只有一个末端，而是在不同高度像不计其数的放射线似的向四周发散开来。

我很高兴有这么好的研究对象。我每刨去一层树干所发现的弯道数量，大大超过了我研究的需求。弯道非常规则，我可以用圆规准确地测量。

用圆规进行测量之前，我尽量先弄清这些漂亮拱廊的创造者。居住在杨树干里的居民群可能已经离开了很长时间，树干里生长的伞菌菌丝便是证明，昆虫是不会以生长了菌丝的树干为食并在其中挖道钻孔的。当然有一些成虫因无法逃走而死在了树中，我曾发现一些死去的昆虫，遗骨上缠绕着真菌。伞菌用细而密的襁褓将这些昆虫的遗骨裹起来，使它们没有解体。在这些木乃伊身上缚着的绑带下面，我认出了一种钻孔的膜翅目昆虫的成虫，它便是堂树蜂。而且，我还发现了一个重要的细节，所有遗留下来的成虫，无一例外地处于无法通往外界的位置：有些位于弯道的开端，其上的木层依然保持完整，有些位于

堂树蜂

树中心笔直通道的末端，而道路由于木屑的堵塞而无法向前延伸。这些由于找不到出路而留下的遗骨，明确地告诉我们，树蜂挖掘出口的方法是吉丁和天牛科昆虫没有用过的。

树蜂的幼虫并不修筑逃生的通道，挖凿穿透树层的通道的任务由成虫自己完成。我亲眼观察到的情况，大致可以向我讲述事情发展的过程。幼虫居住在长廊里，并用木屑堵塞住通道，它一生都不离开树干中心，在那里过着平静的生活，不太受外界气候变化的影响。幼虫的变态则在笔直的通道和还没筑好的弯道交接处完成，当

树蜂成虫慢慢恢复了体力后，便在自己身前挖凿出一条穿透十几厘米厚木层的出路。我发现成虫修筑的通道内堆集着粉末状松散的木屑，而不是经过消化的厚实的木屑块。我所发现的遗留在伞菌菌丝中的昆虫，都是半路上失去气力的，由于昆虫途中死去了，因而它们前方没有畅通的出路。

鉴于成虫自己挖掘出去的通道，问题就更迫切地摆在了我们面前：在树干内尽情娱乐、安静休息之后，幼虫是否会为未来的成虫提供帮助，帮它挖开出口呢？生命短促的成虫是如此急切地渴望离开黑暗的房间，不应该由它来挖通道。然而，成虫是了解通往阳光之路的，为了从黑暗的树中心爬到阳光普照的树外，它为什么不沿直线前进呢？这是所有路线中最短的呀！

是的，用圆规进行测量，直线也许是最短的路线，但可能对挖掘者来说并非最短。挖掘的长度并不是完成工作的唯一因素，不是昆虫行动的全部，它还必须考虑到挖掘时需要克服的阻力。各种树层的硬度不同，阻力大小便会不同；挖掘木纤维的方式不同，阻力大小也会不一样。有些木纤维应横向被撕开，有些则应被纵向分裂。由于阻力值有待确定，为了钻透木层，成虫是否有一条曲线可将工作量减到最小呢？

我曾经利用我贫乏的微积分知识，探究阻力值是如何根据不同深度、不同方向而变化的，但是，一个简单的道理便将我艰苦工作的成果完全推翻了，计算变量在此毫无用武之地。动物不是会爬行的数学家，它行进轨道中的质点，是由身体的力量和要穿越的环境的硬度决定的；它自身的条件，对其他条件起支配作用。成虫丧失了幼虫可以随意转动身体方向的特权，由于有坚硬的外壳，它几乎就是一段坚硬的圆柱体。为了便于阐述，我们可以把它看成是一段不可弯曲的直圆木。

我们再来看看被比喻为一根直圆木的树蜂成虫。树蜂的变态在离树干中心不远处完成，成虫纵向睡在树干中的通道内，头朝上方；头朝下的情况很少见。成虫应该尽快地去到外界，它在身体前方挖掘一个浅而足够宽的孔，使身体略微向外倾斜。这不过才完成了一小步计划；接下来它开凿第二个同样的孔，同时身体再次向外倾斜。总之，每一步小小的移动都伴随着身体利用小孔狭小的宽度而向外略微倾斜，倾斜的方向始终是朝外不变的，就像一根偏离了方向的磁针，在一个有阻力的环境中以均匀的速度前进，想回复到原来的方向；于是，一个比磁针略粗的通道也随之开拓出来。树蜂差不多就是这样工作的，它的磁极就是光明的外界。随着不断啃噬树干，树蜂缓缓地倾斜身体，朝光明前进。

现在，树蜂的问题解决了。树蜂的轨道分成许多均匀的部分，每部分所构成的夹角角度一样，好似一条相邻切线之间的倾角一模一样的弧线，简而言之，树蜂的轨道是一条切角线恒定不变的弧线，这也正是圆周的特点。

我剩下的工作就是要弄清楚真实情况是否与推断相符合。我选择了二十来条通道，长度都相当长，且适合用圆规进行检测，我还用一张透明纸准确描每条通道的图样。的确，推断和实际情况相当吻合。有一些通道长达十几厘米，树蜂开凿的轨迹与圆规的轨迹吻合得很好，即使有比较明显的差距也很微弱。也许人们会因没有料到这小小的差距而不高兴，这些差距与抽象理论的绝对精确是不相容的。

树蜂的通道实际上是一条宽敞的圆弧形拱廊，下端同幼虫挖掘的走廊相连接，上端沿一条水平或略微倾斜的直线通向树表。宽阔的连接拱廊允许成虫自由转向，树蜂的身体原来与树轴平行，就这样逐渐转到与树轴垂直的方向。接下来，它得挖掘笔直向外的最短通道。

这种轨迹所需的工作量最小吗？是的，在昆虫所处的条件下的确如此。如果幼虫在蛹期的准备阶段就以其他方法定向，将头转向距树表最近的点，而不是转向与树轴垂直的方向，显然成虫逃走就方便得多，只需要直接往前钻开不厚的表层。但是，出于只有幼虫才能判断时机是否适宜，也许是出于不堪重负的原因，垂直通道在水平通道之前竣工了。为了从垂直通道进入水平通道，成虫通过拱廊来转向。一旦身体位置转过来，成虫便直线向前直到挖到出口。

我想再从树蜂成虫起步点的角度来评价树蜂。它坚硬的身体决定它必然要逐渐转动身体的方向，树蜂不能根据自己的意愿挖掘，一切都受到机械力的限制。但是，树蜂可以以自己为轴自由转动，并从不同的角度凿木开路，它可以尝试用各种方式，以一连串的连接拱廊来随意转动身体的方向，而无须局限于一个平面之内。没有什么可以阻止它这样做，它完全可以绕自己转动，将通道凿成螺旋形或是方向逐渐变化的环柄形曲线，但最终的结果只会是树蜂自己迷失方向。它很可能会迷失于自己的迷宫内，这里试试，那边试试，长期摸索却永无成功之日。

然而，树蜂无须摸索便成功地逃走了。它的走道几乎总是在同一平面内，这是工作量最少的首要条件。另外，如果一开始就处在离心位置，那就会有多个垂直平面。其中穿过树轴的垂直平面，一侧要克服的阻力最小，相反一侧则阻力最大。当然，也没有什么阻止树蜂在其他平面上挖掘出口，但这样的工作量是介于最大和最小之间的。树蜂拒绝采用这些方法，它总是采用穿过树轴的平面并选择路径最短的一侧。简而言之，树蜂的通道处于树轴和出发点所决定的平面之内，在平面的两个区域之中，通道穿过的区域面积小一些。因此，尽管僵硬的身体碍手碍脚，隐居在杨树干内的树蜂，仍然用最少的工作量从杨树干中逃出去了。

矿工利用专业罗盘在陌生的地下深层掌握方向、寻找路径；水手也用同样的方法在浩渺的海洋中寻找航线。那么，木栖昆虫如何在树干深处导向开路呢？它也有它自己的专用罗盘吗？似乎是的，因为它必须找到最迅速的通道，目标是寻求光明。为了达到目的，在经过幼虫期长期徘徊于弯曲、无序的迷宫，漫不经心的散步之后，它断然选择了省力、平坦的路线，将连接处弯曲成肘形以便翻转身体；一旦垂直朝向邻近的树表层，它就以直线钻向最近的树表。

无论怎样的障碍物都无法使树蜂改变平面和弧形通道，因为它的方向不容改变。如果必要，树蜂宁可啮噬金属也不愿改变身体的方向，而背对它所觉察到的邻近光线的方向。在研究所的昆虫学档案中有这样的记录：弹药盒中的子弹被古幼树蜂钻穿；在格勒诺希尔的弹药库中，巨树蜂用同样的方法挖掘出路。

巨树蜂

在弹药箱中的树蜂，由于忠实于自己的逃走方法，便在铝块上凿洞逃走，因为它断定最近的光明就在障碍物后面。

辨别方向的罗盘当然存在，这是毋庸置疑的，无论是对于那些帮助成虫开辟出路的幼虫，还是对于必须自己开路的树蜂成虫，都是一样。这种罗盘是怎样的呢？这个问题尚处于无法探知的黑暗之中，我还未拥有足够精良的感觉器官，来推测这些指引动物方向的因素。这很可能是我们的器官无法感知到的另一个感觉世界，一个对我们封闭的世界。暗房中的视觉可以看到肉眼无法观察到的事物，摄录到只有紫外线才能发现的东西；麦克风的薄膜可以感觉到我们的听力听不到的声音。精密的物理仪器、化学化合物，这些都超出了我们的感官所能感知的范围。认为昆虫灵妙的生理构造也有类似的才能，甚至超出我们的感知范围，使我们的科学无法探知，是否显得有些轻率呢？对于这个问题，没有任何肯定的回答，我只是心存疑虑而已，但是至少我应该摒除一些有时会出现在我脑海中的错误观点。

会不会是树木通过结构来指引幼虫或成虫呢？横向啮噬树层，昆虫可能以一种方式来感知周围的环境，当纵向啮噬的时候，它又通过另一种方式来感知。难道其中不存在给钻孔工导向的因素吗？的确不存在，从植根于土壤中的树桩，我可以观察到，昆虫根据光线的远近程度来挖掘通道，有时是沿直线纵向向上挖掘，并在树桩横截面上开通出口，有时则是通过拱形通道横向挖掘，并在树桩侧面开凿出口。

那么我究竟知道些什么呢？昆虫的罗盘是化学反应、磁场效应还是热场效应呢？都不是，因为在竖立的树干中，昆虫挖掘的通道既有朝向北面、长年处于树荫之中的，也有朝向终日阳光普照的南面的，出口总是朝着最靠近外界的一侧打开。这是由温度决定的吗？也不是，尽管树荫下的一面温度较低，但朝向阳光的一侧，也一样受到昆虫们的青睐。

是由声音来引导的吗？不是，在幽静的树干中又有什么声音呢？而且外界的声响穿透一厘米左右的树干又有多大变化呢？是由重力因素来指引的吗？也不是，因为我曾在杨树干中观察到一些头朝下反方向爬行的树蜂，它们并没有改变弧线轨道。

那么，以什么为向导呢？我对此一无所知。然而这并不是我不能解答的第一个问题，在研究三齿壁蜂如何走出蛰居的芦竹时，我就认识到了物理书留下的空白；在不可能找到另外的答案的情况下，我认为答案是一种特殊的空间感觉能力，即自由空间感知力。由于从树蜂、吉丁和天牛科昆虫处得到的启示，我不得不又求助于这种理由。这并非因为我坚持要讲述这个答案，未知事物在任何语言中都无法被适当地表述出来。黑暗中的隐士知道通过最短的路线找到光明，这是无言的证词，所有诚心的观察家都不会耻于承认。一批又一批的观察者，在认识到用进化论解释本能是徒劳的之后，都能深切体会到阿纳夏格尔①的思想，我以此作为对我的研究简练的总结：

我们曾经努力过。

---

① 阿纳夏格尔（前500—前428）：希腊哲学家。——译注